阅读成就思想……

Read to Achieve

意志力心理学

如何成为一个自控而专注的人

[德]汉斯-乔治·威尔曼（Hans-Georg Willmann）◎著
马　博◎译

中国人民大学出版社

图书在版编目（CIP）数据

意志力心理学：如何成为一个自控而专注的人 /（德）汉斯－乔治·威尔曼著；马博译 .-- 北京：中国人民大学出版社，2018.4

ISBN 978-7-300-25414-2

Ⅰ.①意… Ⅱ.①汉… ②马… Ⅲ.①意志—通俗读物 Ⅳ.① B848.4-49

中国版本图书馆 CIP 数据核字（2018）第 006333 号

意志力心理学：如何成为一个自控而专注的人

［德］汉斯－乔治·威尔曼　著

马博　译

Yizhili Xinlixue: Ruhe Chengwei Yige Zikong er Zhuanzhu de Ren

---

出版发行	中国人民大学出版社		
社　　址	北京中关村大街 31 号	**邮政编码**	100080
电　　话	010-62511242（总编室）		010-62511770（质管部）
	010-82501766（邮购部）		010-62514148（门市部）
	010-62515195（发行公司）		010-62515275（盗版举报）
网　　址	http://www.crup.com.cn		
	http://www.ttrnet.com（人大教研网）		
经　　销	新华书店		
印　　刷	天津中印联印务有限公司		
规　　格	148mm×210mm　32 开本	**版　　次**	2018 年 4 月第 1 版
印　　张	6.625　插页 1	**印　　次**	2024 年 5 月第 5 次印刷
字　　数	121 000	**定　　价**	59.00 元

前　言

我们先来看看“成功”在字典中的释义：

> 成功：名词，指一份努力取得了积极的成果；一个计划的实施达到了预想的效果；一件事情进展顺利或者取得进步；一个人实现了自己的目标或理想等。

我敢保证，那些成功人士中没有一个不具有强大的决心和毅力。意志力和成功之间的关系虽然看起来并没有那么明显，但在通向成功的道路上，意志力几乎发挥着至关重要的作用。这是一本关于意志力的书，它会告诉我们：要怎样做才能更好地通向理想的彼岸。那些走进我心理诊所的男男女女们，他们很少会提出诸如“我希望自己的意志力变得强大”的诉求，而往往只是直接表达自己想要获得的、可以提高自己生活质量的那些愿望：想要一份满意的工作，想在职业上取得进步，希望获得一个博士学位或成为一个好的领导者，希望自己的财务状况良好稳定、生活健康快乐，希望实现期待已久的梦想。

我写这本书的目的是想要告诉人们：在成功这件事上，

不要忽略意志力至关重要的作用，意志力很有可能是所有决定因素中影响力最大的一个。许多研究表明：对于职业、个人成功方面的影响，意志力的作用超出了智力的作用；对于领导力方面的影响，意志力发挥的作用更是超出了个人魅力的作用。能够聪明地掌握运用意志力的人，他们往往会生活得更快乐、身体更健康，能够赚更多的钱，拥有更好的人际关系，更容易实现梦想。意志坚强的人距离成功更近，他们能够在有限的资源和不利的条件下扭转局面，坚定地让自己朝着既定目标前进，克服困难、忍受困境，直到实现目标。

意志力能让你获得成功

不过，很少有咨询师会直接告诉我们应该如何让自己拥有强大的意志力。大多数成功学书籍基本上都是这样的模式：告诉我们怎样让事业更好得发展，怎样减肥成功，怎样赚到更多的钱……但我却想引导大家树立一个目标，并严格地朝着目标努力。只说“当我们强烈地渴求某件事情时，它就能实现”这样的话，我们年初制定的目标就能达成，我的心理咨询所也就没有存在的必要，它可以关门大吉了。这样一来，人人都可以做心理顾问，但却很少有人在告诉对方该怎样做之后，还不忘提醒一句“知易行难”。

很多人由于在关键的时刻没有聪明地利用意志力而和成功擦肩而过，这些人通常也为自己缺乏意志力而捶胸顿足、自怨自艾。但事实上，对于我们每个人来说，意志力并非天生自带，而是能够通过学习去增强，从而让它更好地发挥作用。我们大多会认为，意志力这种东西是少数人所特有的，它是很容易就被消耗殆尽的“有限的资源”；而实际上，我们可以通过练习或锻炼来让意志力得到提高。在过去的几年里，人们在神经学以及心理学领域进行的研究已经有了不少新的发现，这些发现都有助于人们聪明、有效地利用意志力。

意志力是人生的一种宝贵资源

人们在所有关于意志力的研究中发现：意志力可以被知识化、系统化地概述出来，变得简单且易于实践。我将会在书中讲述很多具有实践性的方法，为你提供大量的建议及窍门，并会提供一些练习，这些建议可以让你不必付出太大的代价就能取得很好的效果。请不妨接受这些小建议，并结合自身特点，找出对你个人最有效的方式。聪明有效地掌控意志力，可以让你在任何领域中都能在成功与失败之间灵活选择。想要生活得更好，就要与意志力交朋友。在本书中，意志力就代表了持之以恒和坚定不移。如果你通过本书中的某个建议，变得同样持之以恒、坚定不移，那么恭喜你，你将会开启一种非凡的人生，这就是我的期望！

我衷心希望，你能够轻松地掌控自己的意志力！

目 录

第 1 章

你与成功之间就差意志力

Erfolg durch Willenskraft

Wie Sie mehr von dem erreichen, was Sie sich vornehmen

你是否有一个想要全力以赴去实现的目标？在个人发展方面，我们可能想要拓展事业、学会一门外语、攻读硕士学位；在身体健康方面，我们也许想让自己的生活方式更加健康，减掉多余的体重；在家庭方面，我们希望自己的财富不要贬值、多一点时间陪伴家人。现在，让我们来剖析一下自己：你自身是否有一些特定的行为或习惯，它们总会阻碍你实现目标的进程？在遭遇这种阻碍时，你是放任自己的惰性，还是尽力去克服这些不好的行为或习惯？为了实现目标，你愿意做出怎样的付出？接下来，我会帮你分析，为什么那些你认为应该做到的事情，你却很难做到。想要强劲地推动一件事情的进展，你就要具备足够的动力。你在本章中可以了解到：在通常情况下，什么因素会引诱你逃避努力，而只想让你找到一种最便捷的通道来达成目的。让我们一起探究人们内心的秘密，找出可以使你更加坚定不移地去努力的方法。在关乎成功的因素上，意志力排名第一，所以让我们学会聪明地去使用它吧。

为什么我渴望成功，却最终很难做到

是努力克服障碍，还是避免费力

对你来说，这个场景也许再熟悉不过了：周一——一周的第一个工作日，你结束了一整天的工作回到家，原本的计划是去参加健身课。你开车到家后便开始整理运动背包，你或许在精神上很积极，但身体却很倦怠。你内心有个声音总在对你说："先稍微在沙发里窝着休息一会儿吧，看看新闻。"在这种情况下，你最初想去健身的动力就会被削弱，"勤快"与"懒惰"两个小人在你的大脑中不停地打架，而脑海中出现的不想费力的想法往往会一时占了上风。你最终没有打败脑海中那个代表"懒惰"的小人，于是窝在沙发里的想法胜利了。想一想大脑在这个过程中所发生的变化，你就能深刻地体会到：要想有所作为，就必须克服自己的惰性。现在，让我们一起来做个小小的意志力测验吧。

意志力小测验：颜色测试

这里有一组颜色不同的词语。首先，不要按照词语的意思，而要以尽可能快的速度，按照词语的颜色从左到右、一行行地读过去。

绿	黑	绿	绿
黑	绿	黑	绿

你是否可以流畅而不停顿地朗读出来呢？

这个测试是由心理学家 J. 雷德利・斯特鲁普（J.Ridley Stroop）设计的，它让我们注意到了一种重要的现象：对人们来说，按照单词本身表示的意义来朗读是一种下意识的行为，它不会给人带来压力和阻碍；而如果人们按照单词显示的颜色来朗读并不是一种习惯性的、下意识的行为，它需要耗费人们更多的专注力和专心程度。人们突然面对一个黑色的“绿”字，要忽略掉这个名词本身所代表的意义，而把它迅速地读成“黑”，这需要费点力气来抑制并扭转大脑中的固定思维。这个过程中所花费的力气，便是我们所谓的“意志力”。这种力量广泛地存在于我们生活领域中那些与“意图”和“成功”有关的事情里。

> 意志力：阴性词，指人们在实现目标的过程中用来克服困难和障碍的一种精神能量，它可以促使人们在实现目标的过程中坚持不懈地按既定步骤进行下去。

实验的结果表明，大多数人在参与这个测试的过程中都会停滞和迟疑。他们不能按词语的意思而要按词语的颜色去朗读，所以必须在大脑中不停地提醒自己“按颜色读”。“按词义读”是一种自动的行为反应，而“按颜色读”是一种目的性的行为反应，它与“按词义读”相比更难，需要我们更加集中意识。

每当我们为了实现某种意图而开始行动，而这种有目的性的行为反应与自动的行为反应相比更让我们感到费劲时，此时便需要动用我们的意志力。

心理冲突对意志力的干扰

这两种具有冲突性的行为是同时进行的：抑制“按词义读”的行为，激活“按颜色读”的行为，我们的感官被刺激，并促使我们的大脑进行一种矛盾性的反应。这种对心理冲突的处理挑战了我们的意志力，有时甚至会完全打败我们。一旦我们的某种行为违背了自己原本所具有的自动本能反应时，我们就必须有意识、有目的性地调动自己的意志力。

我们只有清楚自己关注的重点，才能理解自己真正的意图，保持清醒，并且有机会将其实施。

在这种情况下，如果我们没有及时调动自身的意志力，那么我们很快就会重新陷入自己习惯的行为模式中，并且很容易忘记自己原本打算要做的事情。这种现象每个人都会遇到，比如在每天上班的途中，有一天，你必须要在开始工作之前先去邮局投递一封信，这时你的习惯就会被突然打断，你在脑海中构建出“先投递信”的新信息，然后告诉自己：“今天出门，到岔路口先右拐去邮局，而不是向左拐去办公室。”在启动车子以及刚离开家一公里的时候，你还在一直不停地提醒自己：“寄信，寄信，寄信……”但是，这种提醒很难一直持续下去，当你开车开到岔路口时，你便已经无法集中精力让自己右转，甚至往往在快到办公室时才突然想起来：“哎呀，忘了寄信了。”我们按照自己的习惯行驶在开车路过无数遍的上班途中，而最终习惯获得了胜利。同样，这种被习惯打败的事情也经常发生在下班之后：你习惯性地窝在舒服的沙发里，而出去健身的意图总是被打败。

生活中的意志力冲突

当然，你的日常生活并不是简单的意志力实验，你人生的重要目标也不是将带颜色的词语在一个破纪录的时间范围内准确无误地读出来。但你必须知道一个原则，这个原则适用于你在生活中遇到的每一个意志力挑战。回想一下，在一天之内，你的脑子里闪现过多少次想要动用意志力来对抗某些特定习惯的念头。比如，你打算控制住伸向遥控器的手，而去取一本英文书来阅读；你打算放弃搭乘电梯而改走楼梯；你在购物时试图不拿巧克力，而选择多拿一些新鲜蔬菜。而我们每次在与习惯的对抗过程中都会发现，自己的内心形成了紧张的受力状态，选择那些非习惯性的行为总会让我们感觉有点吃力。

我们的注意力往往会被很多想法、感受和外界刺激所左右，这会让我们经常忽略了自己原本想要的到底是什么，导致那些真正想做的事情被排挤在注意力之外。

如果注意力被分散，那么我们对抗惯性的动力便会被削弱，容易导致我们偏离原本的目标。于是，我们最终还是放弃爬楼，搭乘了电梯；我们坐在电视机前边看边吃刚买的巧克力，偏离减肥的目标越来越远。我们有意识地集中控制自己的注意力，才能避免费力的冲动，不至于那么轻易地让惯性跳出来阻碍我们追求目标的道路。这是关于意志力的第一个秘密，而我将在下文中为你一一揭开另外10个秘密。

那些能够集中精神控制自己注意力的人，往往能够更好地克制住冲动。

当你计划做某件事的时候，应该将精力集中到一个最重要的目标上。如果你总是三心二意、什么都想得到的话，那么你很可能什么都得不到。你不相信这一点吗？那么请打开电视，边播放一个紧张刺激、令人兴奋的破案片，一边做一次前面的颜色实验，尝试再读一遍那些带颜色的词语，你是不是很难集中注意力去大声地、快速准确地按单词的颜色朗读？“少”往往代表着“更多”。

动机与意志的博弈

即使我们在生活中总是因贪多而吃尽一无所获的苦头，但却依然很难改掉贪心的毛病。对我们来说，将注意力只集中在一件最重要的事情上往往很难。一家社会统计研究机构做了一个年度调查，结果显示，人们认为愿望清单中的事情都非常重要，不可或缺。在一个圣诞前夜针对数百万德国人做的调查中，我们可以看到，人们排名前十的愿望清单如下：

1. 避免精神紧张；
2. 给家人和朋友更多的时间；
3. 多运动；
4. 吃得更健康；
5. 减肥；
6. 要节俭；
7. 少看电视；
8. 给自己更多的时间；
9. 少喝酒；
10. 戒烟。

问题是，我们不可能同时实现清单中的所有愿望，我们的动机远远大于我们的意志力。大多数美好的愿望会像海市蜃楼一般惊鸿一现，然后在短暂的时间里蒸发殆尽，就像天空中那些美丽的烟花一样转瞬即逝。

我们的动机指的是我们实现目标的意愿，它比我们的意志力要大得多。意志力指的是我们将自己的意愿付诸实施的力量（见图 1–1）。

图 1–1　我们的动机远远大于我们的意志

有限的意志力资源

关于意志力的第二个秘密：我们的目标和其他那些美好的愿望互相竞争，但我们的意志力资源却是有限的。因此我们必须确定一个最重要的目标，然后将我们有限的精力都集中在这件事上，如果太过贪多，那我们的意志力就不够用了。如果将我们的意志力按照平均分配的原则分配给很多目标，那么它在每个目标上发挥的作用就太小了，那样的话，即使我们再干劲十足，也会徒劳无获。

我们的意志力是有限的，因此我们必须做出决定，将它集中运用于那些最重要的目标上。

打个比方，某人决定从今天开始进行有规律的运动，那么他现在具备了动机（愿意采取行动），但却还没有付诸意志力（付诸实施的力量）。在未来几个月，他开始每周去健身房锻炼两次，这就意味着他动用了比较大的意志力来让这件事开始进行，并得到了坚持。如果这个人同时想要改变自己的许多其他习惯，比如打算合理饮食、少看电视、少喝酒以及花更多的时间陪家人等，那么他最终很可能一件事都做不到，他依然只是窝在沙发上看电视而已。这种情况通常被认为是因为这个人过于贪心，他想做出的改变超出了其个人能力，最终导致一事无成。因此，当你想分出一部分精力去做那些计划外的事情，或者你在致力于一项特别重要的任务的同时，还要去做其他很多想做的事情，那么结果往往会事与愿违。在那种情况下，意志力在实施一项个人目标上所发挥的影响力会变得很弱。

意志力训练笔记：书签列表

现在，拿出你的记事笔记本，想一下在读这本书期间，你眼前有哪些目标正等着你去实现？这些目标或许是你想在夏天减重 10 千克，还是你正准备通过一个重要的考试？请再次认清这些目标的重要性，调动自己的内在意志力去实现它们，从而让自己的生活变得更美好。想象一下一年之后，

意志力训练笔记：书签列表

你的目标被顺利实现了，那你将多么有成就感！然后再分析下，你自身有哪些固有的特质或习惯是你实现目标最大的障碍，它们是否会推迟或阻碍你的行动？当这些不好的特质或习惯作祟的时候，你是放任不管，还是想办法去克服？写下几个关键词，然后将它们标记在你的意志力笔记中。当你学会分析这个问题时，便在聪明地利用意志力这件事上更进一步了。

然而，即使我们已经下了很大决心去做一件事情，积极性也很高，并且只专注于这一个目标（如“在度假之前利用三个月的时间减肥 10 千克”之类的目标），但你却发现，要改变我们原本的行为习惯是多么困难，这往往是因为我们的决心还不够强大。对大多数人来说，拥有足够强大的决心是改变过程中最关键和最有效的部分。

下定决心做出改变是大多数人在改变的过程中最美好的部分。

动机不等于意志力

为了确保愿望成真，我们必须付出强度很大、让自己感到费力的努力。如果我们仅仅在口头上做出自我承诺，却不去付诸实施，这会让我们感觉一时轻松，但终究会让我们一事无成。因此，我们都应该明白这个道理：如果我们最终还是不能摆脱舒服的沙发，并不是因为我们缺少动机，而是因为我们的意志力太过薄弱。我们舒服地躺在沙发上，想象并计划着某件事情，就是所谓的动机；而我们从沙发上跳起来去做这件事，靠的就是意志力。此时，兔子已经躺在胡椒粉里[①]。动机并不是让人全情投入的关键，意志力才是。

动机并不是让人全情投入的关键，意志力才是。

一种动物的本能理论

在通常情况下，大脑会指示我们去绕开那些费力的行为，因此，即使你的积极性很高，也很难将目标付诸实施。大多数时间，你都会躺在沙发上，美美地幻想着苗条、健康、富有和声名鹊起这些目标，但却往往并没有从沙发上跳起来去真正地付诸实施。避免费力、及时行乐两种人类的本性发挥的影响力总是非常地强大，导致我们总是一无所获。

为什么我们的大脑总是喜欢选择那些省力气的、能够让我们快速满足的方式呢？让我们来“扫描”一下人类的神经网络，回溯到几百万年前，那时人类的祖先们还在树上攀爬、缠着腰带在大草原上奔跑。

① 兔子躺在胡椒粉里：德国谚语，指的是野兔已经被浸在用胡椒粉等制成的调味汁里，不能使它复活了。意思是指对某事来说时间已经太晚了，而造成困难的原因及问题就在于此。——译者注

关于意志力的生物进化史

近年来，人们在进化及神经生物学研究领域已经取得了很多研究成果，它们可以帮助我们更好地理解意志力的现象，并让我们明白：为什么人们全情投入去做一件事那么困难，而有所放弃地去做一件事也那么困难。时至今日，我们也明白了，像 “有志者事竟成” 这样的建议虽然美好，但并不准确。人们总是幻想着只要轻松地打开大脑中控制行为的开关，之后一切事情便会轻而易举地实现，但这是不可能的。当我们在一种费力的途径和一种简单的途径中做选择时，大脑总会想尽办法指示我们使用最省力的方法去达成目标，因为这样能够节省能量。而每当我们想要克服懒惰、从沙发上站起来去健身房时，都会经历这个过程。压制自己窝在沙发上的冲动、强迫自己站起来是一件困难的事情。这里的压制与强迫的感受，与强迫自己把写成黑色的“绿”字读作“黑”的压制感如出一辙。

我们的大脑总是试图找出最省事的方法去实现目标。

我们的动物本能程序

如今，是否有更加灵活的机制可以让我们摆脱那些令我们痛苦的压迫感，让我们能够轻松地绕过心理障碍，并将目标轻而易举地付诸实施？是否有可以让我们更好地控制自己的欲求，从而降低失败概率的方法？在 21 世纪，我们的答案有可能是“是”；但如果我们回到几百万年之前，答案肯定是“不可能”，否则今天就不会是现在这个样子。我们的祖先以及所有的动物们，它们都被大自然安装了一个“动物本能程序”，从而让我们的物种可以延续到今天。这个特殊的“动物本能程序”指的就是：1. 节约能量，因此我们会下意识地避免做过多的工作，以规避风险；2. 享乐最大化，因此我们会最大限度地满足自己的“兴趣”，像“饮”“食”“色”“性”这些最基本的欲望可以在第一时间被尽快地满足。

我们在生物学上的生存程序叫作“节约能量”和“享乐最大化”。

节约原则：放弃它，它让你感到费力

在过去的数百万年里，食物非常匮乏，因此能源很宝贵。对于动物们来说，它们首先要考虑的是填饱肚子、避免被吃掉以及繁衍生息这三件事。规避劳碌和风险就显得尤为重要了，因为劳累耗费能量，而风险则意味着有危险。动物尤其要避免浪费不必要的精力，否则用于生存的精力就会相对减少，而承受不必要的风险有可能会付出生命的代价。对于节能型的大脑来说，血糖水平是一项很重要的指标，它会随时提醒身体：再不迅速找到东西吃就会挨饿。这些特殊的脑细胞始终监视着生物体内余下的“可用精力”：可支配的能量是增多了还是减少了？然后做出一个战略性的选择：是消耗还是保存能量？所有的生物到今天仍然存在，其都遵循着这一节约原则。所以我们会看到：狮子会在阳光下一动不动地躺上几个小时；考拉每天会在桉树上睡上 20 个小时；大熊猫的繁殖行为很少；而人们往往更喜欢静静地窝在沙发里。

快乐原则：做那些有乐趣的事

生物们为了择偶和觅食，不得不费点力气、承担一些风险，因为它们这些行为肯定会对大自然有一定的侵占性。因此，大脑很早便发展出了一种原始的动机系统，它驱动着到今天为止大多数生物的行为，并收获其带来的满足感。当这个动机系统通过活跃的收获行为发挥作用时，大脑中的特定细胞便会分泌多巴胺，多巴胺会让生物们产生一种几乎无法抑制的需求——“做那些有乐趣的事”。在这种动机系统的作用下，当我们的祖先看到、闻到或尝到富含脂肪或糖的食物或遇到一点点性刺激时，便会立刻活跃起来。利用这个特点，我们才能在自然中延续存在数百万年。如果我们没有费力去收集浆果、水果和根茎，我们早就绝种了。因为没有食物提供能量，我们也就没有力气去寻觅可以一起生育后代的伴侣。在丛林中，富含能量的食物匮乏，交配的机会也比较少。因此，对于生存来说，由快乐原则所支配的行为无比重要，其就像节约原则所支配的那些行为一样重要。不过，这些对于当今的人类来说已经不是问题了，因为在 21 世纪，食物和性几乎存在于每个角落，并且任何时间都可获得，而且人类在未来还会获得更多。

迄今为止，节约能量和享乐最大化这两个生物学上的生存原则仍然深深根植于我们的大脑之中。当你在这两种活动（让你觉得费力的考试准备和让你觉得省力舒服且有乐趣的窝在沙发里看电视）中进行选择，你的大脑肯定偏向于选择后者。

生物学上的两种生存原则——“节约能量”及“享乐最大化”，到今天仍然深深根植于我们的大脑之中。

如果人类真的能一切都只听从本能行事，那简直犹如身处天堂一般。但如果人类像其他动物一样，在任何情况下都只听从本能的控制，那么人类便不足以作为地球上最顶级的物种存在了。在生物进化的过程中，人类逐渐演化出了一套神经控制程序，将单纯的“如果……那么……”“当……时，就……”行为模式打断，而产生类似 “如果雄性和雌性在一起，那么就是为了性行为”和“当有食物时，就吃”这些最原始的行为模式。虽然，这类行为模式直到今天依然存在。

控制本能的冲动：意志力的诞生

大约 300 万年前，自然环境恶劣，食物匮乏，到处潜伏着危险，于是我们的祖先学会了群居，并逐渐形成了部落。

部落可以为个体提供更多的保护，可以集合集体的力量共同抵御敌人，可以拥有更多的食物和生育机会。部落有着明显的生存优势，对个人对群体都是有益的。之后，人们便有了新的需求：避免社会冲突及部落内部的致命对抗。在共同生活的社区中，人们需要合作与资源共享。这时，我们的祖先必须要好好考虑下：什么时候、与谁进行性行为、与谁进行斗争对抗，以及将谁作为猎物拿来吃掉。他们不能简单地被原始本能冲动驱使去获得满足，只有这样才能规避冲突带来的风险。部落群体进一步进化发展，他们共享食物、共同合作杀死猎物。为了使以后不再孤单无靠，我们的祖先就必须费点力气并克制及时享乐的自私行为。这便是意志力的诞生过程，我们的祖先必须学会控制自己的原始冲动。

我们的祖先必须学习在群体的生活中控制自己原始本能的冲动，这便是意志力的诞生过程。

群体关系与本能冲动控制

谁能成功地控制自己原始本能的冲动，谁就能拥有牢固的群体关系，作为个体就可以在群体中生存得更好。如果控制本能冲动失败，个体则会被群体惩罚甚至彻底驱逐出去，当然也就意味着被处死（顺便说一句，即使在今天，这种模式依然存在。虽然如今，个体被一个群组驱除并不绝对意味着死亡。例如，在某些宗教群体中，只有那些能够克制自身行为、遵守群体式宗教规则的人可以留下来。如果不能做到的话，一些人便会被驱逐，这往往会使其产生巨大的痛苦）。几百万年以来，这些大脑不断地适应、调整并以此对抗节约原则——“放弃它，它让你感到费力！”以及享乐原则——“做那些有乐趣的事！”，并发展出了自己的本能冲动控制系统，这个系统帮助我们学会克制，并能够主宰自己。

我们祖先生活的部落越大，对本能控制的要求就越严格，其在大脑中支配这种控制力的部分也更大。你用手指敲一敲自己的前额中部、眼睛上方的部分，意志力就存在于此——前额叶皮层。

牛津大学进化心理学教授罗宾·邓巴（Robin Dunbar）在这方面进行了研究探索，并提出了“社会大脑”的理论假设：人类与其他灵长类动物相比有一个很大的不同，便是能够支配自己的意志力，因为我们生活在巨大的、复杂的社会团体环境中。人类只有克制及时享受的本能冲动、克服避免费力的本能冲动，才能迎接更大的挑战。即使是最聪明的非人类灵长类动物黑猩猩，最多也只能坚持克制原始本能需求 20 分钟。没有一只大猩猩能够克制当下的食欲去储存食物以备不时之需，没有一只大猩猩能够放弃唾手可得的性，没有一只大猩猩能够在必要的时候选择更费力的行为。

目标的成功实现离不开意志力

大约一万年前，现代人（智人）已经可以为自己设立目标，如在群体生存时要做什么、不能做什么、要克制哪些行为。世界著名的法国南部多尔多涅岩画便证实了这一点。

这些画作描述了37 000年前的人类社会，有各种不同的花纹图案和人物、动物的形象以及各种集体狩猎的场面。今天的我们能够努力做事、克制本能需求，表示我们和这个地球上的其他动物不一样。比如，我们能够经年累月地致力于某种药品的研发；我们不停地学习及练习某种乐器，直到能够熟练演奏；我们能够每天早上坚持晨跑一个小时；我们能够成功登顶珠穆朗玛峰。只要我们想做，我们就能挑战某种身体极限，从而超越自我。

在当今这个时代，我们希望达成自己的愿望与目标，我们想去实现自我，我们想让自己变得更加强大。我们生活在一个“一切皆有可能”的时代，每个人都渴望成功，并有着特定的标准和要求：事业成功，家庭幸福，财富保值，实现梦想，身体健康，万事如意。虽然我们在通向目标的道路上总是面对很多诱惑，也总是有偷懒的想法，但毕竟我们具有“节约能量”及“享乐最大化”这两种原始的本能。

聪明地使用意志力可以帮助你尽可能地降低这些阻力，从而尽情地攀登到最高的山峰，并享受成功带来的喜悦。心理研究中许多激动人心的发现能够帮助你找到更易取得成功的方法，而这一切都从树立一个个人目标开始。

现在，再看看你的意志力训练笔记，其中是否有你个人的重要目标呢？

我们内心的渴望与目标的实现

如果你想拥有幸福的生活，那就为其树立一个目标吧。

阿尔伯特·爱因斯坦

人类的行为总是出于某些特定目的，所以，我们每个个体都是以目的为导向的人。有时，我们用确定的目标去决定自己的行为；有时，我们尚未清楚地意识到自己的目标，又或许这个目标并不是我们自己制定的，我们的行为只是迎合了其他人的期望。想要聪明地利用意志力助成功一臂之力，关键是要了解你的目标。我们在前面提到过，克服“及时享乐”这种原始本能，对树立一个目标非常有帮助。当你决定做某件事时，一个确定的目标可以时刻提醒你：你真正需要的到底是什么。

我们需求的来源

在心理学上，人们将生物需求和社会需求（动机）区别看待。我们从在摇篮里便已经开始有了这些保证生存的生物需求，这些就相当于我们生存程序中的“吃”“不要被吃掉”以及“繁衍生息”，它们都是可以被快速满足的需求，并以我们可以看到的方式始终存在于我们实现终极愿望和长远目标的过程中。从学习语言开始，你的社会需求（如人际关系、权力欲望和努力带来的成就感等）便逐渐构建起来，直到大约 7 岁时才形成自己独特的社会需求格局，且 7 岁以后几乎不会发生太大变化。因此，我们无法有意识地控制或扭转自己的需求，这样选择适合自身需求的目标就显得更加重要了（见表 1–1）。

表 1–1　　我们的需求来源

我们的需求来源			
生物需求	社会需求		
生存需要	**社交需要**	**权力欲望**	**成果需求**
来源于：	满足于：	满足于：	满足于：
■ 饿	■ 安全感	■ 影响力	■ 成功
■ 渴	■ 友谊	■ 控制力	■ 认可
■ 睡	■ 家庭	■ 统治力	■ 成长
■ 性	■ 伙伴	■ 地位	■ 履行职责
■ 温暖	■ 亲近与亲密	■ 金钱	■ 实现自我

意志力训练笔记：寻找动机

现在，让我们来看一下“动机”。看看表 1–1 中社会需求中的元素，你在社交需要、权力欲望和成果需求方面的渴望有多强烈？你可以和朋友们聊聊这个问题，看看他们是如何衡量的。

如果你的目标与内心需求不一致，那真是一件很无奈的事情。打个比方，一个有着强大动力想成为经理的人，他的内心深处并不渴望权力。那些不能迎合我们内心真正需要的目标会影响意志力的发挥，因为此时隐藏在意识深处的社会需求会阻碍我们的行动。突然生出对权力的欲望这种事不太可能会发生，所以我们最好选择一些其他能迎合自身需求的目标。

我们那些埋藏在内心深处的需求发挥不了太大的影响力，因此，我们最好选择适合自身需求的目标。

将感受作为衡量需求的指标

这里有一种明确的方法，你遵循它就能找出真正适合自己需求的目标，那就是关注自己的感受。当你设定了一个目标时，为了实现它，你会不断调整自己的行为，并或多或少地获得一些经验。虽然每天的感受会有所不同，但在为了这个目标做出较长一段时间的努力过程中，你获得的感受可能是美好的，也有可能没有那么美好。如果你在总体上感受不错，你为了实现这个目标做些什么或放弃什么都不会感到太困难，那么这就是一个还不错的目标。也就是说，你的目标与你的潜意识需求一致，只有这样，你的意志力才会被加满油。在我们的生活中，有一个最大的目标——走你自己的路！你的渴望、激情和热情都是可以引领你获得更好生活的灯塔，所以，请首先确保你的目标是自己真正需要的。

对目标的渴望程度决定意志力的付出

当然，你在这个世界上并不是孤立存在的，你的个人目标取决于你的社交圈、文化背景、生活状况、年龄等多种因素。例如，一个医生的孩子对自己生活的想法与其他职业者的孩子是不同的。

因此，我们的个人目标受制于社会环境、文化背景、生活条件、年龄等多种因素。

我们会树立什么样的目标会受周围各种因素的影响而不断变化。当我们小的时候，老师和家长的期望决定了我们的目标；当我们长大后，我们的老板、同事甚至邻居和明星都能对我们的目标造成影响：榜样的力量让我们想要模仿，或者他人的期望影响了我们的追求。如果我们忽略自身真正的需求，就很容易被其他人的欲望和野心所操控，而盲目地追求那些对我们自身来说并不是优先考虑的事情。例如，虽然我们更喜欢足球，但却学了小提琴；虽然我们更喜欢搞研究，但却走上了领导的岗位。我们为了那些自己并不想要的东西消耗着自己的时间精力。当目标没有符合我们内心深处真正的愿望时，我们为此所付出的意志力总会显得动力不足。

目标与内心需求的冲突

如果我们自己的目标被别人左右了，就会与自我需求相冲突。在左右为难的选择中，你不知道自己到底该怎么办，似乎也找不到解决的出口。例如，你想在事业上取得成功，就必然需要付出很多的时间精力，但与此同时，你也渴望家庭温馨，这两者就会相互冲突。在这种情况下，你便面临“接受更有挑战性的工作职位，花更多的时间在办公室”和“拒绝这个具有挑战性的职位，花更多的时间去经营家庭” 两者之间的选择。另一个更典型的例子是，你有自己的减肥计划，但妈妈亲手做的美味蛋糕让你忍不住想再吃一块，真的没有一个可以让你兼顾美食与身材的轻松解决方案。在这种左右为难的选择中，你内心隐藏的真正需求是美食，而你外在的目标是变得苗条，两者就会相互冲突。即使你能控制食量，也会面临影响社交需求的风险，你的一些正常的感情和感受必然会受到影响，你也需要面对新的问题。比如，你的妈妈会伤心地问你：“你不再喜欢吃我做的蛋糕了吗？”

如何才能走出这样的困境呢？ 使用同等重要思维法是一个不错的解决方案。当你既想维持温馨的亲情，又希望减肥成功的时候，你就可以使用两难选择思维法来刺探一下自己的底线：当你犹豫不决时，你会考虑“是要苗条的体型，还是温馨的亲情”，这会让意志力在你的犹豫不决中偷偷溜掉；而你使用同等重要思维法则会考虑“既要苗条的体型，也要温馨的亲情”，这会帮助你走得更远，并有机会找到一个解决办法。在与其他人一起玩乐时，你不妨把自己的两难选择告诉他们，试着真诚地敞开心扉与家人、朋友们谈一谈，告诉他们：你既想减肥，又不想因此失去与大家的亲近与交流。这样一来，你的压力就会减小，在大家的理解和支持下，你的意志力会更加坚定，你便离成功更近了一步。

意志力训练笔记：审视目标

审视你的目标。反思一下，你真正想要的是什么：工作上的成功？家庭的温馨？还是丰富多彩的业余生活？想一想，哪些是你内心真正想要的？哪些只是为了迎合别人对你的期许？外来目标与内在目标很好辨认，你应该与自己的内心进行对话。当你说“我应该……”时，这就是外来目标；当你说“我一定要……”时，这就是内在目标。哪些目标迎合了你的需求结构，哪些不适合？对于这些具体的目标，你的感受是怎样的？

实现目标的外在阻力

如果你基于自身的需求而选择了一个目标，那么你便获得了一个很好的开端。当你开始朝着目标前进时，却发现“上帝把汗水放在成功之前”。为了实现这个目标，你需要投入全部的意志力，努力奋斗朝着目标的最高峰前进，在这个征程中，你还要不停地抵制来自各个分岔口的诱惑。我们之前讲到的“节约能量”和“享乐最大化”两种动物本能原则会让你觉得非常辛苦，通往成功的道路布满荆棘。这是因为大脑在这两个原则的支配下，总想把你往尽可能多奖励自己、尽可能少费力气的岔路上拖拽，而这些都会降低你成功的可能性。

在现实生活中，总会出现这样的场景：你正舒服地窝在沙发上美美地想着，如果到夏天能减掉 10 千克体重，那该有多好啊！这个美妙的主意让你沉醉其中，直到电视中开始播放一则美味巧克力甜点的广告，你的大脑瞬间变得想要“犒劳”一下自己。这时，你身体里的动机系统被激发，因为看到巧克力甜点会刺激神经介质多巴胺的分泌，你的大脑随之变得兴奋并指示你：“一定要吃巧克力。”在这期间，血糖水平在降低，大脑狂热地将吃巧克力的重要性放在第一位，并散发出强烈的信号影响身体吸收可用能量，进而影响到血液中的物质。这时，身体的逻辑便是巧克力中含有丰富的可促进血糖升高的脂肪和糖，为了确保不发生血糖升高的危险情况，必须降低血糖水平。在血糖水平按照预期下降的过程中，你对巧克力的渴望会更加强烈，你的行为也经历了一个不稳定的发展过程：你先是在房间周围和冰箱里到处找吃的，此时你的内心又在劝自己“不要吃，要减肥”，但手却不自觉地往嘴里塞了一块巧克力。为了对抗这种无意识的往嘴里塞巧克力的行为，你与自己的潜意识进行着艰苦的斗争。因此，你要迈出的第一步是接受这种身体的逻辑，你要明白：最后无论是否吃了巧克力，你都经历了一番不容易的挣扎。

要知道，这是一种不容易被违背的身体逻辑。

如果我们的动机系统被无数的“犒劳”占据了时间，并不停产生多巴胺，就会没完没了、无法停下来。我们就要不停地去追求那些诱惑，那些享乐还必须立即生效！你有没有听说过延迟的享乐？如果没有的话，那就说明你还不知道成功的关键。这个关键可以帮助你打破“犒劳”的恶性循环，实现更多的个人目标。

成功的关键：战胜不断冒出的诱惑

不停地战胜一个个短期诱惑不仅是成功的关键，甚至可以说，它构成了人类文明发展的一个个小步骤。最早的时候，农民需要花费很大的意志力去克制食欲留存种子，而不能将果实当场就吃掉。当解决当下的满足和后续收益之间存在冲突时，人们就需要耗费相当大的意志力。我们每个人都知道这种内心的冲突，当我们试图把重点放在长期努力上时，各种各样的诱惑就会出现，这需要我们不停地去抵制、对抗。如果我们做不到，就总会被其他事情吸引注意力，从而造成效率低下。比如，当我们打开电子邮件处理事务时，我们的注意力先被一份不太重要的税单吸引了，工作效率便受到了影响。

意志力是解决内心中及时行乐与长远获益之间冲突的关键。

孩子们从 3 岁起便学着有意识地使用意志力来抵抗诱惑的干扰，抑制冲动，他们对情绪的自我控制在小小的心灵里萌芽，然后这棵嫩芽会随着年龄的增长成长为参天大树。父母们如何很好地引导孩子培养意志力，我将在第 4 章中对此进行具体的描述。

意志力实验：棉花糖测试

人们已经进行了几十年关于意志力的研究。现在我们已经清楚地认识到，意志力在我们的生活中发挥了多么重要的作用。这方面的首例研究是 20 世纪 60 年代美国斯坦福大学心理学家沃尔特·米歇尔（Walter Mischel）做的举世闻名的“棉花糖测试”。他在测试中研究了孩子们如何学习延缓对需求的满足。在做这个测试时，米歇尔每次只让一个小孩待在房间里，房间里有一把椅子、一张桌子以及桌子上的一个棉花糖，他让 4 岁的孩子们做出一个选择：马上吃掉面前的棉花糖，或等待 15 分钟就能获得两个棉花糖。测试者对孩子说明规则后就离开了房间。然后他发现，面对这些设定的条件，4 岁孩子的自我控制力已经很强大了：大约有 1/3

的孩子立即伸手拿棉花糖吃；另外 1/3 的孩子在 15 分钟的等待时间中吃掉了棉花糖；还有 1/3 的孩子挨过了 15 分钟，最终获得了两个棉花糖。

> 连孩子都能做到，大人就更能做到了，你能坚持多久呢？不如做个自我测试吧。明天晚上，当你饥肠辘辘地回到家时，在餐桌的盘子上放一些好吃的东西（你喜欢的一块巧克力、香肠三明治或者香蕉），然后在旁边放一个时钟，不要打电话、不要玩手机、不要看电视或听音乐，不要让自己做任何事情分散注意力，你来体验一下棉花糖实验中的 15 分钟有多么难熬。

4 岁的孩子是如何做到抵抗诱惑的呢？尽管在 15 分钟内吃掉棉花糖的孩子们也很想得到后面的两个棉花糖奖励，但他们却往往目不转睛地盯着那个诱人的糖，并不停想象着它有多好吃。那些能够坚持到底的孩子大多转移了自己的注意力，他们不再看棉花糖，而是闭上眼睛开始唱歌，或是坐到角落里开始漫无边际的放空想象。米歇尔将其称为成功的策略，即“转移关注点战略”，它包括以下 3 种注意力方面的能力：

能力 1，将注意力从极其渴望的物品上转移；

能力 2，能够控制自己的注意力，将其转移到其他事物上，不被诱惑分心；

能力 3，把注意力放在未来的重点目标上，比如，15 分钟后可以得到两个棉花糖。

人们结合这三种对注意力的控制能力，便形成了意志力的核心能力：有意识地控制自己注意力的能力。

转移关注点战略可以帮助我们更容易地抵制诱惑。

然而，真正让棉花糖实验举世闻名的则是实验多年后的一个很偶然的机会。米歇尔女儿就读的学校里有一些曾参加过调查的孩子，然后他了解到，那些当年能够坚定地坐在小椅子上等到获得两个棉花糖的孩子，他们在学校出问题的概率也比较少。于是，米歇尔便做了更多的研究。他调查了数百个当年参加过棉花糖实验的孩子，希望找出测试的背后是否隐藏着一种规律模式。研究结果让人感到非常奇妙，它精确地表明，在那场棉花糖实验中，等待越久的孩子不论在学业上还是事业上，其在今后的人生中获得成功的概率都更大。

成功的关键因素——自我控制

米歇尔在此后的研究中证实，那些坚持 15 分钟后等到第二个棉花糖的孩子们通常有更好的人生表现，如更高的 SAT 成绩、教育成就和身体质量指数等。他们极少涉毒，也很少有人超重，且对抗压力的能力更强。40 年之后，其他研究人员还做了进一步的后续实验，找到一些当年参加过测试的学龄前儿童，并再次分析他们的情况。研究人员发现，那些能坚持到最后的孩子相对拥有更加成功的人生，如获得更大的学术成功、在行业中获得较高的职位、赚到更多的钱、拥有更稳定的合作伙伴关系、吸毒成瘾的风险较低、很少会生病、很少有欠债等信用问题。做个简单的总结就是：从孩提时代便能主宰自己的行为、延迟享受的人，更可能拥有成功的人生历程。

几乎在所有生活领域中，能够主宰自己行为并能延迟享受的能力都被视为取得成功的关键因素。

其他许多研究也同样证实了这一点。例如，一个美国的八年级学生有两种选择：立即获得一美元，或者一周以后获得两美元。结果表明，这个简单的自我控制的小措施对学生成绩的影响居然比智商的影响还高，自我控制能力强的学生平均成绩更好。

但在许多情况下，我们选择了即时的享受和满足，而不去等待后续更大的回报；或者我们选择避免吃苦费力的方式，之后便无法在未来获得更大的成功（见表 1-2）。

表 1-2　　即时满足和避免费力

即时满足和避免费力		
经验只要乐趣	后来的不愉快	
行为	■吃巧克力 ■偷懒 ■购物欲 ■上网冲浪 ■看夜场电影 ■不学习 ■不练乐器	■超重 ■不发胖 ■破产 ■无暇顾及家庭 ■犯困 ■没有硕士学位 ■不会演奏乐器

延迟奖励

我们之所以要使用意志力，是因为我们最终希望拥有一种成功的人生。在这个过程中，我们的行为往往背道而驰。关于这一点，我们已经通过前面提到的动物本能了解到了。而在当今这个物质丰富的世界中，我们要面对的干扰和诱惑会更多，我将在第 2 章中详细分析这一点。在心理学领域里，延迟奖励指的是为了获得未来更大的奖励，而拒绝当下享受的能力。我们必须现在做一些让自己感到紧张费力的事情，或者给自己一些小小的奖励、获得一些小小的乐趣，释放一下过大的心理压力，从而能够顺利地实现未来的终极目标。能够取得成功的人往往要比其他人付出更多的时间和努力。那些最终能够流畅地弹奏一种乐器、能够熟练地掌握一门外语、能够完成一项研究项目的人，他们都能深刻地体会到延迟奖励的意义（见表 1–3）。

表 1–3　延迟奖励的成果

延迟奖励的成果		
体验	现在没有乐趣的事	坚持到最后的收获
行为	■ 没有巧克力 ■ 体育运动 ■ 节俭购物 ■ 很少上网冲浪 ■ 不看夜场电影 ■ 学习 ■ 练习乐器	■ 苗条 ■ 身体健康 ■ 现金储备 ■ 花更多的时间陪伴家人 ■ 休息好、精力充沛 ■ 获得硕士学位 ■ 熟练掌握乐器

“神童”的秘密

万事开头难，起初我们完全不知道自己能做到什么程度，只是坚持不懈地努力投入，那些最终的奖励（如“我会弹奏这种乐器”“我掌握了这门外语”“我获得了一个硕士学位”）与我们还相距甚远。还有一个非常好的延迟奖励的方法，就是学习一下那些非常成功的人是怎么做的。

1980 年 9 月，著名音乐家大卫 • 邦加茨（David Bongartz）出生于德国亚琛。他在 3 岁时得到人生的第一把小提琴，父亲教给他最基本的弹奏技巧。然后，他用了 5 年时间接受专业课程训练，并在一场“青少年音乐家”比赛中以一首贝多芬的浪漫风曲子获得一等奖。大卫 10 岁时第一次在重大的公开场合演奏，由于他的名字“邦加茨”听上去不够国际化，父母决定让他使用母亲娘家的姓“加勒特”（Garrett）。当他只有 13 岁时，德国古典音乐界最好的唱片公司“德国唱片公司”和他签订了一份独家合同，并为他出版了一辑古典音乐唱片。从此，他便经常与世界级的明星同台演出，克劳迪奥 • 阿巴多（Claudio Abbado）和耶胡迪 • 梅纽因（Yehudi Menuhin）等都是那一代最伟大的小提琴家。我们知道的大卫 • 加勒特当时只有 20 岁，但他已经是世界级的明星了。

大卫 • 加勒特是神童吗？我们习惯性地这样认为，因为我们只看到大卫 • 加勒特今天的成功，却忽略了他从 3 岁起便开始刻苦练习小提琴的事实。直到 20 岁声名鹊起时，他已经进行了 17 年的小提琴训练。他在接受《时代周报》（*ZEIT*）记者采访时说：“我一直在不停地练习，每天练习 8 个小时。这是很平常的事，因为坚持练习本身就是一件艰苦的工作。”

当我们谈论“神童”时，总是倾向于把他们的成功描述得轻而易举、毫不费力，因为这迎合了我们“动物本能”以及内心的愿望，我们希望以最小的努力和最少的代价取得最多的成功。但是，当我们真正深入地关注通往成功的道路时就会发现，根本没有什么所谓的“神童”。

勤奋与天赋

美国佛罗里达州立大学心理学家 K. 安德斯·埃里克森（K.Anders Ericsson），多年来一直致力于研究“最佳表现”与“天赋”之间的关系。早在 20 世纪 90 年代初，他就提出了这样的理论：没有所谓的神童，所有的成功都来源于勤学苦练。埃里克森与马普人类发展研究所的同事们一起花了很多时间在柏林高校里进行研究，他们调查了那些学习小提琴的学生们，并有了重大发现。埃里克森将大学的小提琴手分为三组：第一组是参加过世界顶级演奏会的学生；第二组是参加过其他交响乐合奏演出的学生；第三组是从未参加过专业音乐演奏会的学生。埃里克森及其同事们向所有学生提出了同样的问题：“从第一天拿起小提琴起直到今天，你一共花了多少时间来练琴？”

所有三组里学音乐的学生大约都是从 5 岁起开始接触小提琴。第一年，所有人练琴的时间都差不多，他们每周会练习两三个小时；而从 8 岁起，他们的练琴时间开始有了明显差异。那些 20 岁时便参加顶级音乐会的学生的平均练琴时间明显高于其他学生，他们总共练习了大约 10 000 小时；与其形成对比的是，第二组“较好”的学生平均练习约 8000 小时，而第三组学生平均只练习了约 4000 小时。

神奇的 10 000 小时

埃里克森及其同事们还对比了业余钢琴演奏者和专业钢琴演奏者的练习时间，从中发现了相同的模式：专业演奏者练习的时间更多，他们每人到 20 岁时大约练习 100 00 小时；而业余钢琴家的练习时间大约是 2000 小时。

我们从埃里克森的研究中可以看到：没有所谓的神童，也没有与生俱来的天赋，只有坚持不知疲倦的长期练习，才能达到世界顶级的地位。

从那时起，科学家们进行了其他许多相关研究：解剖了早已过世的天才爱因斯坦的大脑；用磁共振扫描了音乐家和象棋大师的脑神经；分析了出色的运动员的血常规和心肺功能；研究了像理查德·布兰森和比尔·盖茨这样成功的企业家的传记。心理学家、社会学家和医生在调查中发现，这些优秀的人的成功模式都是相同的：要成为象棋大师并不需要特别高的智商；那些顶级的运动员并没有什么特别的遗传特征；要成为世界级的音乐家并不需要特殊的出身。成功和失败之间的唯一区别就是：你是否为了这个目标全力以赴地付出。时至今日，仍然没有一个令人信服的证据可以证明人天生具有特殊能力。人们成功的秘诀就是成千上万次的练习，这个神奇的数字就是“10 000”。没有意志力，便没有天才。

杰出的成功人士并不是特别有才华，只是在工作上的付出比别人多。

即使你并不希望成为国际象棋大师、小提琴演奏者、顶级运动员或世界明星，但埃里克森的研究对于普通人来说仍具有鼓励意义：你能做到的要比你想象的多得多。我们每个人都有获得成功的潜力，而我们唯一要做的就是为自己树立一个明确的目标并投入意志力，克服所有的短期诱惑，坚持不懈地进行长期的努力（见图 1–2）。

图 1–2　成功的秘诀

从洗盘子到百万富翁

从洗盘子谋生到一夜暴富成为百万富翁，这只是个传说，是那些已经成为百万富翁的人喜欢用来蒙蔽大众眼睛的说法。“我做了自己热爱的事情，然后就赚到了这些财富。”请注意，这个说法缺少了最核心的部分，那就是：他们都在努力工作，很辛苦，目标明确，有恒心，常年坚持不懈，即使经受挫折也会越挫越勇。只有这样，成功和金钱才会如约而至。

另外，我们在那些成功人士的个人传记中总能发现相同的模式。比如，发明灯泡的美国发明家托马斯·爱迪生苦苦钻研多年，经历了 4999 次的失败，直到第 5000 次，电灯实验才最终获得成功。爱迪生说："4999 次失败的实验都是通往成功的必经之路，都是让第 5000 个电灯可以成功发光的基础。成功就是 10% 的灵感加 90% 的汗水。"大多数人在爱迪生的处境之下都会选择中途放弃自己的想法，但他却坚定不移地走了下去。我们从爱迪生、大卫·加勒特身上可以学到这样的精神：意志力决定了你的成功与失败；意志力是让我们的意图转化为行动并落实的关键所在。这个道理适用于生活的各个领域。

是否拥有意志力决定了你的成功或失败。

现在，请再次打开你的意志力训练笔记，重新审视一下自己的那些重要目标，并再次自我测试一下，看看自己是否聪明地行使了意志力。

培养意志力方面的 6 种能力

有一个好消息是：我们每个人都拥有自己的意志力天赋，并且我们每个人都可以学习如何聪明地利用意志力。

那些其他因素（如智力）是人们从孩童时代就具备的固定特质，改进的余地并不大；而相比之下，我们一辈子都在与自己的意志力打交道，所以可以持续地让自己的意志力变得更好。我们很难将意志力看成一个整体，但我们可以将其划分为一个个能够观察到的、可以描述的单独技能，从而可以聪明且有针对性地对其进行训练和提高。我们通过进行人格心理学研究可以知道，意志坚强的人往往具备以下 6 种能力（见图 1–3）。

1. 聚焦能力：控制自己的注意力和感知的能力。
2. 自我控制能力。
3. 计划能力。
4. 忍受能力（忍耐力）。
5. 情绪调节能力：控制情感的能力。
6. 相信自己的能力（自信力）。

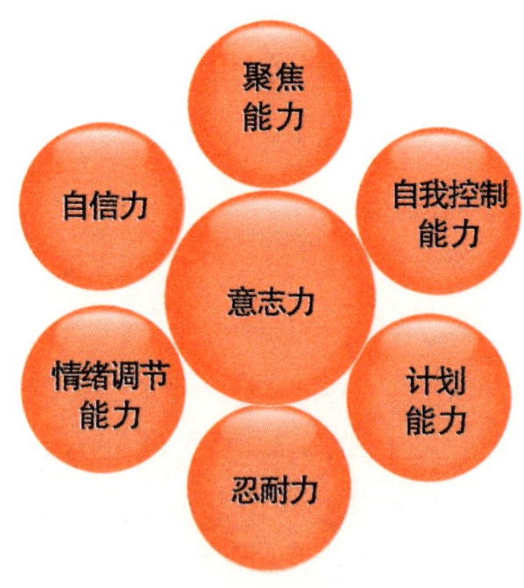

图 1–3 意志力的发展

聚焦能力

聚焦能力指的是即使在许多外部刺激以及内心情感杂念的干扰下，还能始终将专注力集中在同一个目标上的能力。这种能力能给你对抗干扰以及拒绝诱惑的力量。比如，一条来自女朋友的短信或者临时起兴离开自己的办公桌跑去游泳池享受游泳的快乐。

自我控制能力

自我控制能力指的是控制那些来自自发的本能冲动的能力，如避免费力和及时行乐。打个比方，既然你已经骑上了自行车开始运动，就要好好克制惰性，一旦自行车的轮子开始转动，就要让这种转动持续下去。自我控制能力给了你起身离开沙发，并开始朝着一个目标付诸行动的力量。

计划能力

计划能力是指帮你找到一种付诸行动并将目标分解成一个个清晰的、可操作的步骤的好方法。计划能力给了你在实现目标的道路上有建设性地处理困难并应对不可知障碍的力量。

忍耐力

忍耐力指的是在面对阻力和障碍时，你依然不屈不挠地坚持下去的能力。这种能力使你拥有树立目标、即使遇到挫折也不轻言放弃的力量。

情绪调节能力

情绪调节能力指的是你对抗负面情绪的能力，它能让你经受住各种困难和失败，始终保持积极向上的情绪，给了你在通往目标的途中战胜挫折的力量。

自信力

自信力指的是相信自己在某一方面的能力，相信自己一定会获得成功。这种能力给了你对抗阻力和障碍的力量，那些通往成功之路上的障碍都会被分解成一个个可以挑战并克服的小目标，并被逐个攻克。

当你能够开发出自己的意志力并将其聪明地运用到那些重要的事情上时，就无疑帮助你走向了一种成功的人生。无论你有多大的决心或多大的目标，只要你好好使用以上6种能力来提高意志力，你就会大大降低做任何事的失败率，成功也会唾手可得。

人们应该对意志力进行良好的开发并聪明地使用它，这是通向成功人生最可靠的途径。

自我测试：如何巧妙地利用你的意志力

通过下面的自我测试，你可以了解自己目前能够聪明地利用意志力的程度；同时，这个测试也可以帮助你了解如何更好地增强自己的意志力。看看这 6 种意志力技巧中你已经能够做到哪些，你还可以更好地发掘自己的哪些潜力。这个自我测试是基于一个心理诊断学上用来评估和衡量人类个性及心理特征的调查问卷，它包括上述 6 种意志力方面的能力，每种意志力能力模块包括 10 个问题。注意，这个测试并没有“对”或“错”的选项，请结合“本能”的特性来对自己进行自我评估。所谓“本能”的意思就是按照你平常真实的想法和行动来回答。你在回答这个调查问卷时越虚心、诚实，你受益也就越多。好了，现在你开始做这个调查问卷（见表 1–4 至表 1–10）中的 60 个题目吧，并在相应的格子里填上分数。

表 1–4　　　　聚焦能力测试

聚焦能力	很少	少	有时候会	经常如此	非常频繁
1. 我能轻易地在一项任务上集中注意力					
2. 我可以在有很多人的咖啡馆里专心地看报纸					
3. 在进行一项任务的时候，我可以很好地隐藏其他想法					
4. 我可以在人声鼎沸的环境中专心打电话					

续表

聚焦能力	很少	少	有时候会	经常如此	非常频繁
5. 在工作任务繁杂艰巨的时候，我可以做到不看手机					
6. 即使身边有很多噪音，我也能专心地写电子邮件					
7. 与别人谈话的时候，我不会因手机短信提示音而分心					
8. 当我读一本书时，我意识不到电话铃响了					
9. 当我打电话时，我不会同时上网或写电子邮件					
10. 在看一部电影时，我很容易全身心投入					
总和					

控制能力测试

	少	少	有时候会	经常如此	非常频繁
10. 对我来说，马上做不愉快的任务也没有那么困难					
总和					

表 1–6　　计划能力测试

计划能力	很少	少	有时候会	经常如此	非常频繁
1. 我为我的目标制订系统的计划，并遵循该计划					
2. 我明白自己的职责重点					
3. 我以书面形式规划自己的任务，并合理控制					
4. 我定期检查自己的长期目标					
5. 我按照重要性次序来进行自己的任务					
6. 我有一个每日计划本，每天都更新					
7. 我每天都抽出特定的时间去做重要的任务					
8. 我一旦决定做什么，就会把它列在计划表中					
9. 我觉得自己有充足的时间去执行任务					
10. 我可以很容易地识别战略性的任务					
总和					

表 1–7 忍耐力测试

忍耐力	很少	少	有时候会	经常如此	非常频繁
1. 障碍和阻力都无法影响我继续实现目标					
2. 尽管很难，我依然坚持完成任务					
3. 尽管我明白这项任务无法取得进展，我依然会深吸一口气坚持下去					
4. 我的座右铭是："要想看起来毫不费力，你必须非常努力"					
5. 对我来说，为了一个任务坚持数月并不是一件困难的事情					
6. 我自己不会轻言放弃，也没有人能让我放弃					
7. 为了长期坚持进行一项任务，我总能战胜自己					
8. 我在任务中遇到的问题都是自己能够面对的挑战					
9. 我曾经完成过需要持续一年以上的任务					
10. 我可以一直坚持应对困难的任务，直到将它解决					
总和					

表 1–8　　情绪调节能力测试

情绪调节能力	很少	少	有时候会	经常如此	非常频繁
1. 在经历了一次失败后，我能迅速调整成积极的情绪					
2. 我可以很好地隐藏挫折感，继续前进					
3. 即使感受并不好，也不影响我对一项事务的专注					
4. 我的座右铭是："失败是成功之母"					
5. 我不把坏情绪带到工作中					
6. 我曾经克服过很多困难和挫折并达到自己的目标					
7. 我在心情不好时会及时分析原因					
8. 我在心情不好时会懂得如何进行自我调节					
9. 我即使失败也会继续努力					
10. 我可以暂时控制住内心的情感波动					
总和					

表 1–9　　　　　　　　　　自信力测试

自信力	很少	少	有时候会	经常如此	非常频繁
1. 我相信自己的能力					
2. 我深信自己能掌控有难度的任务					
3. 如果我努力的话，那我也可以完成艰巨的任务					
4. 我相信自己能完成富有挑战性的任务					
5. 我的座右铭是“在通往成功的道路上，没有什么困难是不可战胜的”					
6. 我周围的人都信任我，并相信我的能力					
7. 在过去，我完成过艰巨的任务					
8. 我总能想到解决问题的办法					
9. 我很少怀疑自己，总能以某种方式去完成任务					
10. 我周围的人都相信我能达成自己的目标					
总和					

评分

- “很少”：1 分；
- “少”：2 分；
- “有时候会”：3 分；
- “经常如此”：4 分；
- “非常频繁”：5 分。

现在，计算一下自己每种技能的总分以及最终的总得分。

表 1–10　　意志力测试

意志力	
1. 聚焦能力	
2. 自我控制能力	
3. 计划能力	
4. 忍耐力	
5. 情绪调节能力	
6. 自信力	
总分	

在这份总分为 300 分的调查问卷中，你总共拿到了多少分？在每个 50 分满分的小测试板块中，你分别得到了多少分？你的分数越高，说明你对意志力的掌控越好，以及将自己的意图付诸行动的能力越强。看一看，你已经具备了哪项技能，你已经拥有了哪些资源，你有哪些新的技能可以帮助

你提高自身的意志力？请阅读本书中与之对应的相关章节。请将你的成绩作为一个出发点和依据，然后阅读后面的章节进行进一步的审视。检查你的自我评估，有可能的话，你还可以询问身边的亲朋好友，看看他们对你的评价，从而更好地提高这个自我测试的准确性。如果自我评估和外界评估存在差异的话，这也是一个很好的重新审视一下自己的机会。

精彩回放

现在，我们了解到意志力如何发挥它的作用。而且我们也做了意志力测试，了解到意志力是如何贯穿在我们日常生活的方方面面的。如果你刚好有一个重要的、想要为之全力以赴的个人目标，那么不妨测试一下，它是否适合你的需求。而且，我们通过两种生物本能也了解到为什么实现个人目标总是那么难。所以，现在我们已经做好阅读下一章的准备了，看看意志力对你人生的每一天多么具有价值。现在，我唯一能告诉你的是，当你好好地关注并运用意志力的时候，你一定会大吃一惊的。

第 2 章

是什么消耗了我们的意志力

Erfolg durch Willenskraft

Wie Sie mehr von dem erreichen, was Sie sich vornehmen

你越想达到自己预设的目标，就越要对抗自身的本能需求，还要控制自己按已有的习惯行事。这些做起来可比说的难多了，因为我们总是不断徘徊在“被外界诱惑刺激而偏离目标”与“努力地专注于最终目标”之间。此外，我们都是拥有情绪的人类，我们的注意力总是被各种外部（各种外界诱惑的刺激）以及内部（内心的想法、杂念）因素所影响，从而削弱了我们对自身行为的控制力。在本章中，我们将了解到什么会消耗我们的意志力，然后将学习避免这种消耗的方法：如何做出选择、如何抵制诱惑和如何控制情绪。我们将通过下文中提及的“放大镜”来观察自己的意志力在每一天的日常生活中是如何运行的。在本章的最后，你会了解到成功是人们聪明地驾驭自身意志力的结果，而在绝大多数情况下，一味的努力与不轻言放弃并不是决定成功的主要因素。

我们的每一次放弃、每一个选择都会影响着意志力

在德国的一个清晨，闹钟指向 6:30 并响起，你努力地睁开自己的眼睛，新的一天开始了。你随之而来的第一种感受很可能是“好舒服啊，真想赖在床上再睡一个小时”，然后你努力地战胜了这个想法，让自己尽快起床。在接下来的 8 个小时里，即使遇到一些外界压力或者让工作无法正常运行的障碍，你始终都拥有很好的工作状态。你始终做着数不清的选择，总体来说，这些选择都是在为避免费力还是全力以赴完成手头的任务而纠结。你不停地与各种诱惑进行着斗争，努力克制着自己的各种冲动：在工作中，你总是忍不住想玩手机；去食堂吃饭时，你总是想去拿那些高热量的美味甜点；在回家的路上，你没控制住购物欲又买了一双养眼的鞋子。你也懂得如何控制自己的情绪和情感，比如，在商务会议上，没有人会发现你的悲伤、愤怒、担忧或欢喜等情绪。当你控制自己的思维，集中精神、全力以赴地投入到自己的主要任务中时，你需要意志力，因为你真正想要出色地完成这项任务；当你抵抗诱惑时，你同样需要意志力，因为你很清楚，你获得一些东西会以失去其他东西为代价（在食堂不克制食欲，你会体形走样；在鞋店放任消费，你的信用卡会透支）。有意识地规范和控制自己的行为是一件困难的事情，即使其最终会带给你一种积极正面的感受。以上这一切都是你的意志力在日常生活的每一天中不断消耗的过程。这就是

意志力的第三个秘密。

当我们要做太多的决定、抵抗太多的诱惑以及克制内心太多的杂念时，我们的意志力也会逐渐被消耗而变得枯竭。

据心理学家研究，我们从早上起床到晚上入睡的一天中，为了努力地控制思维并将专注力集中于某一特定的任务上，我们会面临上千次因外界诱惑引发的选择。在这个过程中，我们头脑中来自各方面的无数信息和数据像密集的雨点一样“噼里啪啦”地拍打着。最新媒体调查显示，我们平时接受着各种形式的 3000 条以上的广告信息，它们不停地刺激着我们的消费欲：购买糖果、零食，吸烟，饮酒，去国外旅行，看更多的电视频道，浏览更多的网站，获得更多的手机应用等。至于你在面对这些诱惑时有多大的克制力，我就不知道了。在生活的方方面面，我们遇到的挑战越来越大，即使是意志非常坚定的人也不例外。例如，当一段深刻的、稳定的恋爱关系被突然打破的时候，它对我们造成的冲击是巨大的。作为单独的个体，我们每个人都在不断地调整自己的思维和感情，我们的每一次放弃、每一个选择都深深地影响着我们的意志力。

神经科学家已经发现了这样一种情况：我们的大脑会随着意志力的一次次消耗而逐渐丧失活跃度。当一个运动员的体能被不停地消耗，他也会感到越来越累，大脑的能量水平也同样如此。消耗意志力会造成血糖水平下降，血糖降低得越多，你下一次用来抵抗诱惑、约束思维、抑制冲动的能力便越弱。现在，你可以理解为什么在完成一项耗尽心力的高强度任务之后，你会无比地渴望得到一些甜食的慰藉。

做决定对意志力的削弱

当我们每次努力地控制思维、将专注力集中于特定的任务上时，我们与自己的斗争都在蚕食着自己的意志力。如果你一整天的工作都在不停纠结于做各种决定、选择以及面对很多自我斗争，那么你的大脑能量终究会被消耗殆尽，大脑就会启动节能模式。然后，你便开始尽可能地逃避做决定或者推迟做决定，并选择阻力最小、最安全的处理方式，或者干脆放任一切，那样的话，你就能感觉自己还有很多的选择余地。

当我们疲于做决定的时候，我们就会倾向避免或推迟做选择，或者选择阻力最小的方法，或者干脆放任一切。

影响法官判决的因素

来自纽约哥伦比亚大学的乔纳森·勒瓦夫（Jonathan Levav）和来自以色列本·古里安大学的沙·丹齐格（Shai Danziger）是两位商业心理学家，他们合作进行了一项调查，其结果令人印象深刻。研究小组调查分析了以色列法官们在10个月内做出的上千例缓刑裁决，每一次判决都是法官的一次冒险，如果提前释放的囚犯重新犯罪，势必会对法官造成一定的负面影响。平均来看，监狱中每三名囚犯会有一个被法官判决提前释放。勒瓦夫和丹齐格发现了一种有趣的现象。让我们先看看下面的表，猜猜哪些囚犯被赦免的可能性最大（括号中是做出判决的时间）：

囚犯 1（8 时 50 分）：阿拉伯人，30 个月的徒刑，罪名欺诈；

囚犯 2（13 时 27 分）：犹太人，16 个月的徒刑，罪名袭击。

囚犯 3（15 时 10 分）：阿拉伯人，16 个月的徒刑，罪名殴打。

囚犯 4（16 时 25 分）：犹太人，30 个月的徒刑，罪名欺诈。

有意思的是，影响判决的主要因素既不是犯罪的严重程度或刑期长短，也不是囚犯的种族，而是法官做出裁定的时间：早上进行审判的囚犯，有 70% 的人被释放；而在傍晚时被审判的囚犯，只有 10% 的人被释放；午休之前进行审判的囚犯，只有 15% 的人被释放；而在午休之后进行审判的囚犯，有 70% 的人被释放。造成这种现象的原因是什么呢？是法官的血糖水平！第一名囚犯很幸运，因为法官刚刚吃过早饭；同样，第二名囚犯也很幸运，因为他的案件是在法官吃过午饭后被审理的；而第三名和第四名囚犯则摸到了一手烂牌，在审判其相应案情的时间段里，由于法官的大脑血糖水平过低，他懒得做决定及承担风险，于是便选择了最安全和保守的判决，这导致囚犯仍身陷囹圄。

做决定的过程消耗了大脑的能量，也削弱了意志的力量。

选择带来的烦恼

为囚犯判决缓刑只是法官要做的事，我们自己每天在工作中、在家庭生活中以及在业余时间里也要做出很多类似的“判决”。想一想，你上一次累到懒得做决定是什么时候？是你在办公室里工作了一整天并进行了很多会谈和决定之后，还是你在一次纠结不定的购买行为中？试想，当你打算买一款智能手机时，你要在无数种排列组合之间进行选择：首先，在外观上，有塑料或铝等各种外壳材料，还有红色、绿色、蓝色、黄色、黑色和橙色等不同颜色；在内部功能上，有不同的处理器性能和不同的存储卡容量；除此之外，还有五花八门的合约套餐。

你下次购买智能手机时，不妨留意一下那些推销者向你推荐的内容。我敢打赌，那些一定都是不重要的细节，比如外壳的颜色或者提供免费的手机壳。而你疲于做决定、匆匆购买的后果就是，推销者向你推荐了昂贵的 24 个月的全网通套餐。当你选择阻力最小的路径时，肯定会导致卖家获得可观的高额佣金，而你自己却付出了更多的代价。

意志力训练笔记：你一天要做多少决定

想一想，在你平常的一天里，你在工作中、家庭生活中、业余时间里一共要做出多少决定？

规范你的日常决策

规范你的日常决策，不要把意志力消耗在那些每天都必须面对的小事上，比如把钥匙放在哪里、戴哪条领带、穿哪双靴子或者开车走哪条路去上班等。据说，阿尔伯特·爱因斯坦有 12 套相同的西服，这样他便不用纠结第二天早上穿什么了，他可以将精力集中在那些重要的事情上：好好研究相对论。那些总是把自己宝贵而有限的精力用在一些经常性日常事务中的人，比如穿什么样的衣服、吃什么样的早餐、怎样去上班和吃什么样的午餐等，只会在不知不觉中耗尽自身的意志力能量。

意志力训练笔记：你可以规范哪些决策

仔细梳理下，你每天必须要重复做的决定有哪些，想想你内心在早上、中午和晚上的那些纠结和挣扎："我应该还是不应该？""我要选择这个还是那个？""我这样做还是那样做？""这个物品应该放在哪里合适？"这些问题都是你在日常生活中不可避免碰到的，它们都可以进行标准化，以减轻你的意志力负担。

除了日常决策，你也应该关注那些生活中重要的东西，如事业、孩子、建房或环游世界，这些都需要你做出一个大的决策方向，因为你早晚要面对它们，你必须先对它有一个基本的思路。如果你已经厌倦了做决定，你就会在面对大的决策时退缩、迟迟做不出决定，或者像上面例子中判缓刑的法官一样干脆不去面对选择。如果我们将视野放大，看看整个社会中不断出现的、越来越多的需要面对的选择，它们会导致越来越多的人感到选择性障碍、疲于做决定，而推迟或不去面对那些人生中重大的选择。而人们拖拖拉拉、不面对、不选择的结果，往往会导致各种错过，最终悔之晚矣。这难道不是一种集体性的意志力枯竭吗？

诱惑对意志力的侵蚀

你想要或者必须抵制的每一种诱惑都会侵蚀你的意志力。芝加哥大学的心理学家威廉• 霍夫曼（Wilhelm Hofmann）发现，当我们面对日常生活中的 6 种诱惑时，我们总会对其中的一种无心反抗，因为我们的意志力已被耗尽。

活跃的奖励系统

在日常生活中，我们总是经历着各种广告的狂轰滥炸，来自互联网、电视、收音机、广告牌或商店橱窗的每条广告信息都是对我们意志力的一种挑战。我们从那些广告中接受的信息会为我们自己的一种幸福感，我们想象自己一旦拥有了这个物品会有多么地美好，这样便刺激了我们内在的奖励系统。奖励系统是我们大脑中动力系统的一部分，它是促使我们把想法付诸行动的原动力，你的奖励系统一旦被激活，大脑便会说："去做这件事！你会获得乐趣！"如果你抵抗这种诱惑，不去做"这件事"，你便要耗费自己的意志力。

我们大脑中动力系统的"触发器"就是生物进化时所需的那些含脂肪或含糖的食物以及性刺激。进入 21 世纪，这种诱因便更多了，所有迎合我们需求的东西都能刺激我们的奖励系统：无论是甜食、烤肉，还是穿比基尼的模特、珠宝、汽车、红酒、香烟、电视、互联网或智能手机，它们在大脑中都具有相同的效果：刺激释放多巴胺，然后多巴胺会激活你的奖励系统。广告商们深深地清楚这一点：仅仅对未来奖励的预示这个步骤便足够了。

仅仅对未来奖励的预示便能导致多巴胺的释放，从而激活我们的奖励系统。

诱人的广告

新鲜出炉的面包的香味，视觉上看着很漂亮的菜肴（也许这就是亚洲餐馆之所以那么成功的原因），橱窗中标注便宜 50% 的价格标签，一个英俊的陌生人的笑容，一个能够让你短期暴富的演说者的承诺……这一切都是给你的奖励，能够触发多巴胺分泌。上述这些行为似乎能把激发欲望的物品标记得好像对你的生存来说不可或缺一样。如果你的注意力被多巴胺所控制，你便会被那些“触发器”深深迷住，对其念念不忘。换句话说，你会一次又一次地想要得到它，并总是希望得到更多。这就是为什么我们会被广告所诱惑。在这一点上，我们持有一种最大的资源，它使你能够聪明地驾驭自己的意志力，从而优化自己的人生。这就是意志力的第四个秘密。

我们看到、听到或闻到的那些美好的事物，会导致我们大脑中的多巴胺水平上升，不停地扰乱我们的专注力，从而使我们的意志力变得薄弱。

你关注一下自己的生活圈，有哪些事物会打破你内在的平静，对你产生诱惑？比如那些不可抗拒的购买、吃喝或上网的愿望。你再确认一下对这些东西背后的奖励所做出的承诺是否真实：试想一下，一旦你做出了购买、吃喝的行为或者上了三个小时的网，这些是否真的会给你带来预想的回报或感受。你很有可能会发现，那些奖励承诺并不会给你带来任何被奖励的美好感受。

意志力训练笔记：奖励承诺和奖励回报的不同

想一想自己对哪些诱惑的抵制力最弱，那么这些往往就是你坚信能够给自己带来幸福感的诱惑，它们也许是薯条和蛋糕，也许是你整个周末窝在家里懒懒地看电视或上网。检

意志力训练笔记：奖励承诺和奖励回报的不同

查一下，这些奖励承诺是否会带来真正的回报。真正的体验与对这种体验的期待相比是有差别的，在获得了奖励之后，你会不会觉得这种追求变得索然无味？还是说，这种奖励让你觉得很满足，你希望下次还能多吃一点儿、多看一会儿电视、多上一会儿网？你什么时候获得了满足感？或者说，你只有到了某个临界点才能停下来不再继续做这件事，比如吃不下甜点了、看电视感到非常疲惫、钱都花光了或者掏空薯条袋子的时候？

此时此刻，就会出现两种可能的结果：一些人发现，自己通过享受这些诱惑的行为获得的满足感越来越少，或者获得美好感受的时间越来越短，即边际效应递减；另一些人发现，这些体验完全不能给自己带来满意的感受，奖励承诺并没有转化为一种具体的、获得奖励后的享受。这两种体验都能让你更好地控制自己的冲动，并能使你在未来抵抗诱惑的时候变得更加轻松。

我们要关注自身的动力系统“触发器”，我们的意志力资源是有限的，所以要在它枯竭前合理利用。

我们在日常生活中超负荷地面对了过多的选择，或者抵抗了太多的诱惑，这往往会导致我们对甜食或者高热量食物极其渴望。意志力如果枯竭了，人体就需要摄取更多的糖

分来补充能量；我们的大脑也会变得很“饥渴”，需要在恰当的时间里适当地补充能量。例如，吃一块巧克力会提升你的血糖水平，你的意志力就会恢复一些。

我们对甜食或者高热量食物的渴望，就是意志力在那一刻枯竭的征兆。

意志力困局

你有没有发现其中的意志力困局？当我们的目标是减肥时，我们抵抗诱惑的行为却导致了自己对高糖、高热量食物的渴望，这便形成了一个非常矛盾的困局。然后，为了对抗这种对食物的渴望，我们需要意志力；而意志力一旦被消耗，我们的身体又需要糖分来增加能量，弥补枯竭的意志力。

任何食物都会被你的身体转化成葡萄糖，区别只是转化的葡萄糖的量和效率有所不同，而衡量这种效率的单位便是血糖指数（GI）。血糖指数越高，食物被转换成葡萄糖的速度就越快。甜点或白面包类的碳水化合物的血糖指数很高，它们能让你快速地提升能量，但同时，这种快速提升起来的能量消耗起来也一样地快。当你吃了一块奶油蛋糕，恢复了能量和意志力后不久，你又极其渴望再吃一块。因此，当你特别想吃甜点或高热量的食物时，不如改吃那些低血糖指数的食品，如苹果、梨、香蕉、坚果、全谷类和蔬菜等。

抑制自身的感觉会让意志力受损

在使用意志力去实现目标的过程中，你自身的感觉发挥着重要的作用。因为你一旦抑制自身的感觉，意志力便会受到损害。这是关于意志力的第五个秘密。从早上睁开眼睛持续到晚上入睡，我们人类自身的感觉一直都在进行着，我们有着各种各样的情感和感触。我们很难控制个人感情，因为我们很难通过意志力来改变自己的情绪状态。虽然个人感觉会影响你的思想和行为，但你不能强迫自己感到幸福、快乐或自信。为了控制自己的情感，我们经常使用间接的但却缺少针对性的策略。比如，当觉得筋疲力尽时，我们可以看电视休息；当感到沮丧时，我们可以吃巧克力来让自己振作；当想要获得好心情时，我们可以去购物。其实，我们可以好好琢磨一下，我们可以做些什么来让自己的感觉真正变好。

你自身的感觉在使用意志力去实现目标的过程中发挥着重要的作用。

时间管理

我们可以采取措施避免那些影响自己思维的外部干扰。例如，拔掉电话线、关掉智能手机、取消电子邮件通知，甚至还有更好的办法：直接剪断网线，关上门召集同事们，让大家在接下来的两个小时内一起排除所有的干扰，齐心协力制定出新的营销策略来。我们运用这些方式可以有效地规避大部分的外界诱惑：至少在接下来的两个小时里，我们不会每 5 分钟看一次智能手机，或用“谷歌”搜索家装市场最新的即时优惠，也不需要总是给不在场的同事一个个打电话召集他们回来，并向他们解释事情有多么紧急……你可以从时间管理的书籍中找到一些应对外部干扰的策略，如果你想顺利实现自己的目标，这些建议都非常有用。

那些意志力非常坚强的人并不需要先分析哪些诱惑会让自己分心，而是直接打造一个不易扭转注意力的环境（比如一张空空如也、整洁的办公桌）。这样一来，他们就不会被其他东西分散注意力，而是可以保护好自身有限的精力，全力以赴地去追求目标。想阅读更多的相关内容，请关注本书第 4 章。

意志力管理

但是，我们对自身的感情和感受这些内在的干扰依然无计可施。一旦某项事务在进展中掺杂了太多情绪的因素，纯粹的时间管理便不起作用了。这时，你需要的是对意志力的管理。设想一下，你坐在办公室里，艰难地思索谋划了两小时，却始终无法将注意力集中在开发新营销策略的工作上，为什么？因为有些事情总是在打断或影响着你的思维，没错！今天早上，你与伴侣进行了激烈的争吵。你一直觉得自己很没有安全感，不知道与伴侣的关系会不会继续恶化。

而这种担忧对你构成了压迫感，影响你的前瞻性思维，分散了你的注意力，阻塞了你的灵感。

这些担忧的情绪对你应对那些危机有什么作用呢？考虑一下，你是否有一个初步的解决方案或确定可以应对这些危机的方法。如果有，你可以先释放令人不安的想法，将精力集中于眼前的事情，然后再去解决那些危机；如果没有，你便会陷入忧虑的怪圈里，此时你可以忽略新的营销策略了，因为在这种情况下，即使你使出了最强的意志力去暗示自己“我一定要写出营销策略，就现在”，也不能帮助你摆脱无止境的担忧。

心存忧虑会从内在分散了我们的注意力。除非有一种初步的解决方案或确定可以应对这些危机的方法，我们才可以释放这些担忧的情绪。

目标与需求的匹配

这也是为什么当我们的目标与自己真正的需求不符时，我们的意志力便会受阻。比如，一个员工以成为经理为目标，但他在内心深处对行使权力并不感兴趣，却在技术上拥有较强的能力，并能取得卓越的成绩。他作为管理者很可能会遭受失败，因为他的感受一次又一次地“阻滞”其管理的成效：对他来说，成为一名经理是一个不情愿的决定，这有可能让他与下属之间的关系变得不和谐，他位于前额叶皮层的意志力中枢被抑制，从而阻止其能力的发挥。那些能够将目标与自身需求统一起来的人才能更好地控制自己的情绪和感受，他们掌握了能够开启意志力的钥匙，从而获得了更好的满意度，能够掌控更加成功的生活。想要了解更多相关的内容，请阅读本书第 3 章。

我们可以确定的是，意志力并不是你在想要实现目标时召之即来挥之即去的东西，它存在于每一天当中，存在于你生命的每一分钟里，它尤其会出现在你需要做选择、抵抗诱惑和控制自身情绪的时候。在工作、家庭和闲暇中，你每天都会面对成千上万的决定。你还要控制自己的情绪，不能在悲伤的场合突然表现得太开心，也不能在一个开心的场合放声大哭。我们要面对成千上万奖励承诺的诱惑，还要时刻面对引诱我们消费的广告信息。也许，你一个不小心便会让自己有限的意志力消失殆尽，它们就像手指间的沙子那样流失掉。最终，你两手空空地站在那里，很迷茫地望着天空问自己到底要怎样才能实现那些重要的目标。因此，请留意那些偷走你意志力的贼！

请留意偷走意志力的盗贼

这是极其平常的一天，起床的闹钟早早地像号角一样响起，拉开了一天的序幕。在你绷紧神经抵抗了忙碌的日常工作中的太多诱惑之后，一天结束了，你的意志力需要休息，你在这个时候就特别容易分心和被诱惑。仔细回想一下，你在什么样的环境中抵抗诱惑和干扰的能力特别弱？

诱惑遍布在每一个角落

诱惑可以摧毁你的决心，强力阻止你去实现目标。每个人都深有同感的一件事是：你在工作结束之后会感到饥肠辘辘，对食物的购买愿望非常强烈。如果你原本有健康饮食或者节省用度的打算，那对你来说这就是一个危险的信号，因为在你动物本能的驱使和现代发达广告业的诱惑的双重作用下，很容易便把你原本的打算击得粉碎。你的血糖水平不停地暗示你："补充能量，吃，吃，吃！"而在超市里或网络购物平台上，你会面对各种"奖励承诺"，多巴胺会被激活并释放其动力，对你大声地呼喊着："行动吧，它会让你获得乐趣，买，买，买！"

神经科学中一个最活跃的研究领域便是围绕着这类问题：你逛街的时候，是什么因素能够快速抓住你的好奇心和注意力，从而达到让你购买特定产品的目的？经过精心的设计，销售商们会将你拉进诱惑的包围圈中。

要知道，经过精心的设计，销售商们会将你拉进诱惑的包围圈中。

营销机构总是在实时分析那些广告策略对大众消费行

为产生的影响。为此，很多复杂的技术信息中心成立，其在业内被称为“作战室”。“作战室”里有很多高性能计算机和监视器幕墙，它们通过“信息的高速公路”与德国各地的消费中心连接。每种商品都有自己的条形码，通过 POS 机扫描器扫码，这些条形码绘制出了消费者们留下的轨迹，并在“作战室”的显示屏幕上显示为“什么时候—在哪里—什么—怎么样—购买多少”。然后，公司就会了解什么样的广告可以刺激消费者们掏出口袋里的钱。当你明白了这一点时，就可以帮助你更好地抵抗各种诱惑，以优化你的意志力。

货物的巧妙摆放

在超市里，货物的摆放看似随意，但却是经过了一番周密安排、遵循一套复杂的市场研究学而专业摆放的。如果你刚到一家超市门口时，先闻到新鲜出炉的面包的香味，紧接着又看见烘焙食品部门的免费试吃样品，这都是特意安排的，能够使你迅速进入兴奋状态。免费试吃的食品为我们提供了两种强有力的奖励承诺：免费和食物。如果这种具有诱惑力的味道还附赠一个颇有魅力的人与你一起分享，第三种奖励承诺便发挥了作用：性。

性刺激

据你所知，各种汽车、泳装、珠宝广告都含有可以刺激我们头脑中多巴胺活跃起来的性元素的图片或镜头。如果你有丰富的性需求，但却无法有进一步的性活动，你便很容易被这类含有性元素的广告所吸引，并迅速心甘情愿地成为广告业的受害者。这不仅适用于你对性方面的需求，也同样适用于你在所有领域的需求。不论是在工作场合受挫还是遇到健康问题、财务危机，一旦你对生活的某个领域的需求感到“匮乏”，你便很容易受到这方面各种广告的奖励承诺诱惑，这种诱惑旨在解决你自身在这一领域的“匮乏”。

逢低买入的满足感以及中奖的梦想

那些让你产生“赚到了”感觉的活动价，比如“买一送一”“优惠 70%”“今日特价”或者“全场一元”都会刺激你的多巴胺分泌，让你拥有一种愉快的购物心情，即使你并不需要这些折扣商品，也会控制不住地买一大堆。更有效的促销手段则是将物品标价牌上的原价划掉，标上新的更低的价格：原价 24.99 欧元，现价只要 9.99 欧元。它会让你感觉不仅省钱了，还有一种中了彩票的感觉：这么低价的优惠，真心是“省到就是赚到”。你可以拿那些“赚到”的 12.35 欧元买张彩票，再拿 5 欧元去下一个运动赌注。

产品的包装

大型食品企业在进行产品开发时，最注重的就是糖、盐和脂肪的完美结合，其可以刺激你的多巴胺神经元。此外，还有一种因素会暗示你这是一种健康的食物，如包装。你的注意力也许是诸如“低脂”这样的细节，你被这样的事实分散了注意力，却忽略了这种食品虽然脂肪含量低，但含有大量的糖分，这些糖分依然会在你的体内转化为脂肪。你不妨下次去超市采购时观察一下，哪些产品信息能够吸引你的注意力。也许你会发现，你正是被那些愚蠢的字眼（如“无乳糖薏米”）吸引了。这是一条完全无用的信息，因为“无乳糖”对于谷物产品来说有什么意义呢？对于不了解这方面知识的消费者来说，他们的第一反应是：“无乳糖”意味着“不含某类有害的物质”。

“新”和“更好”的诱惑

在当今新型的市场营销中，那些老式的市场叫卖仍然非常有效。那些被认为是“新的”“更好的”或“令人出乎意料的”商品，更容易得到消费者的认同并购买。在这种情况下，发挥作用的是我们人类自身从远古时代就具备的“反射导向”，即对周围环境里那些新的或与众不同的事物会特别敏感（反射导向让我们的祖先们能够安全地生存，因为在恶劣的环境中，他们不得不对周围的变化迅速做出反应，以快速评估会不会存在危险），然后就会刺激你的多巴胺分泌。然而，人们往往对那些已知的、没有什么变化的奖励并不敏感，即使那些奖励让他们产生了真正的满足感。基于这个原因，许多产品都在不停地使用新的宣传噱头，比如“新的升级改良配方”“更加丝滑柔软”“更加果香浓郁”（只是换了一个新的果酱瓶子）“更好的”等。因此，很多标准化生产的产品也都会不停地加入变化的元素。

气味的诱惑

另一种能在不知不觉中触发你的动机系统的因素是气味。一种能让你胃口大开的气味简直就是多巴胺助推器，它很有可能成为一种很可靠的奖励承诺来推动你的购买行为。你只需要想一下，新鲜出炉的面包的香味或现煮咖啡散发出来的气味是多么具有诱惑力，一旦气味分子到达你的鼻子，你的大脑就会不自觉地搜寻这种气味的来源。现在很多公司会使用具有针对性的香水来刺激消费者的购物心情，在气味营销领域（甚至可以用谷歌搜索关键字“香味营销”）就有大量的服务提供商。这些公司利用香味营销战略，有针对性地使用各种诱人的气味来让不同部门相应的产品销售量增加：婴幼儿部门使用婴儿爽身粉的气味；泳装部门使用椰子的香气；舒缓内衣部门使用有舒缓效果的紫丁香的气味；家居部使用薰衣草的香气。

背景音乐的诱惑

当你逛建材市场、超市或服装专卖店时，耳边总是环绕着轻柔的音乐，这同样会让你拥有购物的好心情。偶尔，音乐会暂时中断，插播一些优惠信息、主打商品及新产品推荐。通过这种销售方式，你会在当时那种无比良好的购物心情中不知不觉地买下自己根本不需要的东西。

所有这些现代营销中使用的销售方式都运用了同样的原理：激活你的奖励系统，削弱你的意志力。我们还没有详细地谈谈互联网上的那些潜在诱惑，你好像只要点击几下便能马上拥有一切。这一切都让你的大脑无比兴奋，从而失去了清醒的判断力，你很容易就忽略了“奖励承诺”与“奖励”二者之间的差别。想象一下，你打算下班之后好好享受一下啤酒薯片，这种奖励承诺让你一直充满期待。你回到家里，撕开薯片袋，诱人的金色薯片的香味冲进你的鼻子，你的口水都要流下来了。你拿出了一把薯片，放在嘴里品尝，一片接着一片，直到袋子空空。但奇怪的是，你此时却没有感觉到之前所期待的满足感，相反却感觉糟透了，你又要增加上千的卡路里了。那些意志坚强的人们特有的品质是目光长远，他们无论在什么时间、什么状况下面对诱惑都能保持理智和克制。他们都知道，保存（意志的）力量是为了最终的目标全力以赴。

意志力训练笔记：观察动机

从今天开始，关注可以激活自己奖励系统的“触发器”，也就是观察自己的动机，哪些奖励承诺更容易刺激你采取行动。当你看广告的时候，当你购物的时候，你看到了什么？听到了什么？你闻到了什么味道？你有什么感觉？什么最容易让你陷入诱惑？什么时候你的意志力最薄弱？

你可能会提出质疑，觉得这几乎要放弃生活中的所有乐趣了。但你要知道，奖励承诺并不是幸福和满足的保障，但没有回报的承诺肯定会带来灾难和不满。我们需要奖励承诺，它能让我们提高做某件事情的动机、兴趣以及责任感，并提高行动力；但是我们还应该看清奖励承诺，看看其背后是实实在在的、能给我们的生活带来实际意义的回报，还是仅仅是鼓励了我们的消费、分散了我们的注意力甚至是让我们上瘾的无意义的回报。

我们需要奖励的承诺，因为它激发了我们的兴趣和动力。但是，我们应该考虑它是否能带来真正的回报。

自己选择何时、以何种方式奖励自己，而不要把这种选择权交给广告业。我们不要在超市里被商品巧妙的陈列所攻陷，不要面对太多商品产生选择困难而随便在结账处抓取巧克力糖果，不要去买标注开胃或富含糖分等混淆概念的商品，也不要轻易购买不含乳糖的谷物。判断一下，打折商品是否真的价格优惠，检查下较低的价格是否因为其分量较少。最重要的是，不要饿着肚子去购物！

注意力分散也会削弱意志力

我们生活在一个充满了各种诱惑的世界里，这些诱惑都在试图吸引人们的注意力，因为只有这样才有机会赚到更多的钱。注意力是一种有限的资源，相信你已经在前面关于阅读彩色单词的意志力小测验里对这一点深有体会了。只有集中你的注意力，始终坚持自己的目标不放松，你才会有成功的机会。这就是意志力的第六个秘密。

所有分散你注意力的东西都会削弱意志力。

不幸的是，我们的注意力容量十分有限，每天通过感官感知的信息太多了，我们只能从中筛选出一小部分特别能吸引自己注意力的信息，然后将这些短期记忆做进一步处理。除此之外，我们没有太多的选择。早在 20 世纪 50 年代，心理学教授乔治 • A. 米勒（George A. Miller）就对短期记忆进行了定量研究。他发现，我们的短期记忆的上限是 7 个信息单元，并有上下一两个偏差。这个限制被命名为“神奇的数字 7±2”（认知科学领域的最新研究成果认为，我们的记忆广度只有 4 个信息单元），就是指我们的大脑只能在某一时刻集中对 7±2 个信息单元进行加工。什么样的信息单元可以出现在有限的容量里？这就要看我们怎样掌控自身的注意力了。

我们可以在一瞬间专注于 7±2 个信息单元，而不可能加工更多了。

注意力实验

那么，什么是一个信息单元？为了理解这个概念，我们来做一个小小的注意力测验。下面，你可以看到 40 个同一个系列的数字，你一个接一个地去读这些数字，并在第一次阅读时，用自己最大的努力按顺序记住尽可能多的数字。

0	1	0	1	2	0	1	5	0	3	1	0	2	0
1	5	0	6	1	2	2	0	1	5	2	4	1	2
2	0	1	5	3	1	1	2	2	0	1	5		

你可以按顺序记住多少个数字？你可以记住 5 至 9 个，这取决于你的专注力有多强，也就是记住 7 ± 2 个信息单元。

如果你已经开始做这个小测验了，就请继续阅读下去。现在，我要告诉你一个小妙招，让你可以毫不费力地记住所有 40 个数字：在 40 个数字中，找到一个更高级的分类规则，建立一个更高级的信息单元，将这 40 个数字全部涵盖进去。这个过程被称为集群。你是否已经发现了一个更高级的分类规则？每 8 个数字可以组成一个日期，那么 40 个数字就可以看作 2015 年的 5 个固定假日。

0	1	0	1	2	0	1	5	0	3	1	0	2	0
1	5	0	6	1	2	2	0	1	5	2	4	1	2
2	0	1	5	3	1	1	2	2	0	1	5		

元旦、德国统一日、圣尼古拉斯日、平安夜和除夕

在这时，你需要记住，剩下的 5 个信息单元就是 5 个固定的假期，这样记住 40 个数字就显得轻而易举了，不需

要你消耗太多的专注力。这就是记忆专家可以记忆一连串超长数字的秘诀之一。记忆专家们会将零散的信息单元整合到大的、更高一阶的信息单元里，也就是说，他们关注的重点不是零散的单个数字，而是有一定规律的数字序列。

这个原则可以被进一步扩展运用。例如，你要建立一个单一的信息集群，其内容是从 1995 年到 2015 年所有的上述 5 个假期。这时，你可以一次性记住的数字是 21（年）×40（个）=840 个，你就可以毫不费力地记住如此可观的几百个数字，同时还有多余的注意力容量去处理更多的信息单元，快去尝试一下吧。

注意力针孔

为什么我们的注意力容量如此有限？要是这个容量可以大一些，能够更好地适应我们的需要，岂不是更好？不！如果没有“注意力针孔”的限制，我们会陷入疯狂，周围的各种信息刺激就会像洪水一样席卷过来，让我们无法挣扎，逐渐溺亡。也许你会觉得：“嗯，对于我来说不会这样，我可以同时进行多个任务。”很抱歉，我必须告诉你一个令人失望的现实：你不可能将自己的注意力分散到多个任务上。多任务处理只是一个神话，在同时进行多个任务时，我们无法局部关注，因为我们会很快转移注意力。不停转换注意力的状态会让我们面临犹豫和选择，会削弱我们只把专注力集中在一个目标上并同时屏蔽其他如洪水般的信息刺激的能力，这反过来又会削弱我们的意志力。我们的注意力受到的内部和外部干扰越多，行动力就会越差，任务也会完成得更糟糕。因此，我们需要有意识地控制自己的注意力，而不要指望将注意力分散到更多的目标上。

两种让人分心的形式

感觉机能上的分心和情绪机能上的分心是注意力被分散的两种主要形式。我们都很熟悉感觉机能上的分心，这种分心也比较容易避免：当你专心地打电话时，外界的嘈杂混乱或身边发生的事情都可以暂时被“屏蔽”，大多数人都能做到这一点。而情绪机能上的分心却不那么容易对付。想象一下，在一个聚会上，你正聚精会神地与一个客人谈话，听到旁边的人提到了你的名字。无论你正在进行的谈话有多么深入，你的注意力都会难以控制地被分散，因为你的名字是一个充满感情因素的信号。感情机能上的分心不仅来自外部的刺激（现煮咖啡的味道，院子里孩子们快乐的呼喊声，以及大街上年老体弱、行动不便的老妇人），也会来自内在的刺激，即那些能强有力打断你专注力的感情（惦记你生病的母亲，想到刚与亲密女友发生的争吵，医生的检查结果还没出来之前的担忧，接受了一项艰巨的新任务后的自我怀疑，看到自己银行账户的赤字时的沮丧）。这类情感问题会强有力地占据你的注意力容量，让你不停地惦记着它们并一直思考：要做些什么才能改变这些困局。

各种形式的情感问题绝对是导致分心的强有力因素。

分心削弱意志力

你的思想不集中、开小差，至少在这一刻，你忘了自己该做的事情，忘了自己的目标。无论是内部还是外部，太多能让你分心的因素淹没了你的注意力，进而削弱你控制自己行为的意志。这时你会发现，控制自己诸如少花钱、少吃甜食或少盯着各种屏幕的冲动更难了；同时，你也更难专注于自己的目标，你想铆足劲去接近自己的目标也会显得心有余而力不足。而且，我们一旦在通往目标的道路上遇到这类困难，往往很快会为自己找到各种好借口。我们会理直气壮地解释为什么从通往目标的路径上偏离。

不要为自己的松懈找借口

有志者，找办法；无志者，找借口。

谚语

如果你的日程已经被安排得满满的，你便会疑惑，哪里还有时间和精力为获得更好的生活或成为更好的自己而奋斗呢？在这种时候，人们就容易给自己找借口松懈而不尽力，成功便离他们越来越远了。

找借口只能阻碍意志力的最佳发挥

心理负担、压力、睡眠不足、饮酒、缺乏运动、营养贫乏、慢性疼痛、孤独和烦恼……各种不舒服的感觉都会被拿来当借口，这些借口的名单很长。这一系列借口都可以用一句话来总结：我们的意志力没有发挥最佳效能。你所有身体上或精神上的负担都会传输到处于前额叶皮层的意志力中枢，阻止你下定决心去实现目标。这就是意志力的第七个秘密。

我们身体上或精神上的一切负担都会削弱我们的意志力。

在我们身体健康、意识清醒、无忧无虑的时候，我们已经很难对抗两种生物本能。当你发着 40 度高烧、血液中充斥着大量残留酒精或者因为忧虑而心碎的时候，让你振奋起来去做些事情几乎是不可能的。一旦你感到身体或精神上有疾病或不适，大脑中的报警系统便会有所反应，应激激素水平会增高，同时心率变异性（你的脉搏波动幅度）反应变弱，结果是你不能获得最佳的意志力。因为在压力荷尔蒙的影响下，我们的大脑会处在一种寻找奖励的状态中。此时，为了让自我感受变好，我们会依靠那些最快速、最有效的策略去应对压力，大脑的奖励系统开始变得很活跃：吃、喝、购物、看电视或上网冲浪，最大程度地避免或放弃令人费力的行为。大多数人在这种状态下难以达到想要的目标：“要准备考试了，但我今天的感觉不是很好，我无法克服这种困难去投入学习。”

心脏心率变异性与意志力

心脏心率变异性（即心率变异，heart rate variability，HRV）是一个很可靠的指标，我们可以通过它轻松地掌握自己运用意志力的能力。良好的心脏跳动速率对应的是一个健康的机体。当身体超负荷或精神紧张时，心跳就会加快（心率上升）；当身体或情绪的紧张状态被释放后，心跳就会放慢（心率下降）。当你快跑时，脉搏变快；当你减速时，脉搏变得平缓。当你紧张地与上司开会时，心率上升；当你与上司的会议结束时，心率下降。这些都是正常的、健康的反应。因为在紧张和压力支配下，你的交感神经系统会被激活，让你做好战斗或逃跑的准备。当脉搏加快时，心脏心率的变异性降低，心脏会以更高的频率跳动，这会导致你出现负面情绪（如恐惧、绝望、愤怒或甘拜下风）。相反，当你放松自己的副交感神经系统时，你的脉搏会变缓，心脏心率的变异性增大，心跳速度减慢，紧张和压力会被缓解，这些有助于促进那些积极情感（如放松、平静和欢乐）的出现。

心脏心率变异性与我们能否很好掌控意志力有明显的关系，这一点目前已被科学界所证实。在紧张和压力情绪下，我们无法明智地运用自己的意志力，我们可以在心律变异性降低的时候很清楚地看到这一点。因此，心脏心率变异性作为生物反馈处理方法或生物反馈处理技术，可以用在不同领域（如职业体育、心理治疗、培训领域以及商业性的健康管理）中，以分析人们承载压力的最佳平衡点。心脏心率变异性还可以运用到公司的健康管理生物反馈以及生物反馈技术上，从而使压力控制成为可能，并用来探究最佳的压力量。人们并不需要使用多么昂贵的仪器来测量心率变异性，一个现代化的心脏监测仪就能完成这方面的很多工作。当心脏心率变异性较低时，就表示人的身体或精神上出现问题和负载过量了。在这种状态下，人们无法最好地支配意志力，也无法取得最好的成绩。

战胜压力，提升意志力

人们可以通过一些有针对性的音乐熏陶、呼吸技巧练习、专注力训练、想象力训练和冥想练习，有效地减少紧张的情绪，并有助于应对压力，摆脱诸如恐惧等负面情绪。其实即使没有教练，每个人也都能随时随地做一些让心率变异性提高的事情，从而提升意志力。你将在第 3 章里学到这些方法，比如一个简单而有效的呼吸冥想练习。

心脏心率变异性受到很多因素的影响，如年龄、性别、一天中的不同时刻、饮食、酒精、咖啡因、尼古丁、药物、运动量、紧张和压力等。因此，生物反馈领域的工作人员必须要了解多方面的相关知识，并且首要条件是研究对象的心血管系统没有病理性的问题。

所有让你身体放松、精神舒畅的事情都能帮助你更好地使用意志力。当你打算做某件事情时，你不可避免地需要付出很大的努力，或者必须有所放弃，那么请一定要多关注自己的身体和精神状态。你需要充足的睡眠、均衡的饮食、清新的空气、经常锻炼或喝喝小酒，这样才有足够的精力去抵抗自己周边环境中那些诱惑或令人分心的因素。另外，你还要尽可能确保自身社会关系的平衡。

如果你正计划开始一项任务，请注意，健康的抵抗压力方式很重要。

当然，提起健康的解压方式，你会联想到冥想、运动、散步或和朋友们小聚一下。此时，新的问题又来了，很多人又得疲于决定选择哪种解压方式，结果会变得更累，问题也会加剧了：你认为自己应该选择的那些健康的、合理的减压方式，与你较弱的行动力又形成了内部冲突，之后你又得解决这个新的冲突。本来你可以选择运动来解决这个内部冲突，但最终你选择了一个运动强度不太剧烈的方案："我知道，去健身房是更健康的方式，我不应该懒懒地窝在沙发上。但我今天已经付出了巨大的努力，我现在可以允许自己懒惰一点了。"

小心自我授权的陷阱

整整一天，我们都在尽力维持一种"循规蹈矩"的克制状态，时刻约束自己的行为，去做那些"对"的事情，放弃那些“不对”的事情。比如，我们选择早饭吃健康谷物代替果酱面包，午饭选择吃沙拉而不是炸肉排，还要喝足够的水（而不是果汁味汽水）。在整个过程中，我们的自我感觉真的很好。一天终于结束了，我们独自一人回到家，想起冰箱里的各种美味佳肴，便再难控制自己了。这种情况被心理学家称为“自我授权”：你不自觉地授予自己权力，允许自己在“紧张”了一天之后有所松懈，去冰箱里拿巧克力和布丁吃。

自我授权机制的运行原理类似于宗教史上的赎罪券买卖：在做了一件好事后，你会允许自己做点“坏”的事情。这是一种对意志力的挑战：无论你的意愿是变得更健康、想减肥、想学习更多的知识，还是想要做出一番事业或想要节省钱，你都会纠结如何分配“好”和“坏”之间的比例。

而现在情况变得有点复杂：良好的行为可以触发自我授权的行为。你认为这是“好”的，就去做；认为这是“坏”的，就克制自己不去做。那么，你很可能在一次颇有成效的健身训练之后就放弃了下一次的训练。在公司食堂里抵抗住了甜食的诱惑，你在心里给自己点赞；如果你吃了巧克力布丁，就会在心里责怪自己。在这种心理暗示的作用下，你在放弃了食堂的巧克力布丁后，晚上回到家去冰箱里拿巧克力布丁吃的风险便会增高。如果你的欲望得不到调和，你总会允许自己在做“好”的事之后做点“坏”的事。

在意愿冲突的过程中，你可能会出现自我授权的后果：你在做出“好”的行为之后，不自觉地授予自己权力去做点“坏”的事情。

这种自我授权去“做坏事”的行为从逻辑上看是合理的，因为即使是你认为“好”的那些行为，也很少是绝对的好或者坏。它们总是从某个方面看是有益的，但从另外一个方面看是有害的；从一方面来论证是对的，而从另一方面看就是错的。这种现象在我们的生活中广泛存在：很多人在健身房卖力地锻炼身体，然后就给自己发放了一张“许可证”，有了它就可以开心地吃了；一些人在集中注意力进行了几个小时的学习后，便允许自己去大醉一场。这些都是典型的自我授权陷阱。这时，你必须要重新定义自己最初的目标（比如减肥）。运动是一个必要的步骤，健康饮食则是独立的、不可忽略的第二个步骤。“好”的行为是不能用来互换的，不能因为一种好的行为（运动）带来的成果沾沾自喜，忽略其他不可缺少的行为（合理饮食），而让前期成果毁于一旦。

人类的心理总是很复杂，我们喜欢用在通往目标的道路上取得的那些阶段性进步和成功当作借口，让自己偏离轨道。我想，大多数人都有过控制饮食的经历：你用了两个星期，铆足劲对抗各种好吃的东西，终于减掉了 4 千克的体重。“成功了！”于是，你觉得可以庆祝一下这个成就，奖励自己大吃一顿，那才是自己真正想做的事情。这个自我奖励的后果自然是减掉的 4 千克体重迅速地反弹回来，而且往往还会反弹得更多，陷入了溜溜球效应[①]。

在每个意志力的挑战中，你都会面临着两个相互竞争的目标：一方面，你会考虑到长远利益，你要节约，要存钱，去实现环游世界的梦想；另一方面，你也想要及时行乐，新款的克里斯提·鲁布托、售价 965.00 欧元的红底高跟鞋或售价 899.99 欧元的新款平板液晶显示屏，这些你都想拥有。在面对诱惑的时刻，你需要用冷静的想法去压倒那些及时享乐的杂念。这些进步和成功可以增强你的意志力，只有认定自己真正重要的目标，并毫不动摇地、坚定地付诸行动的时候，你才希望付出更多努力去实现它！想要掌握这种理念并不难，你只需要扭转自己的惯性思维模式。更多的时候，你都在寻找一个阻止自己继续努力的理由，因为你的生物本能中存在“节省能量”和“享乐最大化”两个特点。

关注取得的小进步还是坚决地只追求最终的目标，两种理念会产生截然不同的后果，小小的关注点发生变化都可能导致自己完全不同的行动。研究表明，当询问那些很快要达到自己长期目标的人“你已经取得这么大的进步了，有什么感受”时，这些人会从心里产生一种松懈感，觉得自己已

① 溜溜球效应：减肥学中所说的“溜溜球效应”，即减肥反弹，主要指的是病人历经“减了又肥，肥了又减”的不当减重过程，而造成一种极不容易“减肥”的体质，其过程就像在玩“溜溜球”一样，体重“上下浮动”，无法达到预定的减肥目标。——译者注

经获得那么多成就了，从而产生一些偏离的想法，倾向于做一些与目标不一致的事情（自我授权的“坏事”）。与此相反，当询问“你的目标对自己来说有多重要”时，这些人会从心底更加坚定一定要达到目标的想法，而很少有去做那些适得其反的事情的念头。用“我这样做是因为自己想去做，因为它使我更加接近自己的目标”来代替“成功了！我可以做一些自己真正想要做的事情”的想法，如果你想实现自己的目标，就应该把目标定义为“你想做的”，而不是“你应该做的”。

意志力训练笔记：测试下你的“自我许可”

反思一下，你在什么场合或在什么情况下会给自己“犯错的自我许可”。这些自我许可也许是一顿奢华晚餐，因为你在一天当中放弃了很多美食；也许是你允许自己无止境地进行网上冲浪，因为工作任务太过辛苦。想一想，你做过的这些“自我许可”的事情对原本进行中的事情有什么益处？检查一下，你的“自我许可”的借口是不是让你更加远离了原本设定的计划。

虽然你很努力地试图扭转自己的关注点，但你最终还是为自己颁发了一张“自我许可证”，并且“犯了一点小错”。接下来，等待你的是“无所谓就这样”效应。

“无所谓就这样”效应

你窝在沙发里，电视里已经开始播放新闻，你已经将第一片薯片送入口中。你觉得自己几乎无法控制地撕开薯片的袋子并坐进沙发，你虽然后悔，但马上安慰自己，你的工作是那么辛苦，这样的放松合情合理。这时，你也许还在打算，等看完电视新闻后就收拾运动包去健身房。然而，你在沙发上坐得越久，就越不想起身了。15 分钟后，你已经吃掉了很多薯片，并再一次放弃健身："无所谓，已经这样了，现在让我窝在沙发中好好享受吧，明天又是新的一天，明天再开始运动。"为了让自己感觉更好，你干脆又拿了一罐啤酒配薯片，继续看电视。

陷入不良的恶性循环

营养学家雅内·波利维（Janet Polivy）和 C. 彼得·赫尔曼（C. Peter Herman）提出了一个"无所谓就这样"效应的概念，它是对意志力最强的威胁之一：缺乏自我控制—懊悔—更加缺乏自我控制的恶性循环。在他们的研究中发现，许多人在节食期间容易出现缺乏自我控制的行为：他们不小心多吃了一个汉堡包或一块比萨饼，然后非常自责，觉得自己的节食计划彻底失败了。按照正常的思维，他们应该更加克制，少吃一点，抵消之前吃过多高热量食物的损失；然而，相反的事情发生了，他们说："哦，无所谓，已经这样了！反正节食计划已经被打乱了，就让它结束吧，我放弃了，现在我可以再吃一个汉堡了。"然后，他们就导致了节食后的暴饮暴食。

这种恶性循环存在于每一个意志力的挑战中。想要戒烟的瘾君子、想要省钱的购物狂、想要少上点网的网络成瘾者都会遇到这个问题，恰恰是那些有压力情绪的人更容易选择这样的行为。我们在通往成功的路上总会有这样的意外，它们让我们轻易地掉入陷阱中。那些担忧自己财务状况的人想要节约用钱，但最终却通过一通狂买的行为来解决自己的忧虑情绪，这种行为是不合逻辑的，因为那样只会增加他们的债务和负担过重的感受。但是对于那些只想在这个时刻及时享乐、感受更好的大脑来说，这样的行为是很有效果的。

人们无论应对哪种意志力挑战都很容易出现类似的模式：自身的不足导致愧疚感，产生自我激励，想做些事情成就更好的自己，然后在感受到压力的情况下又想奖励自己获得更好的感受，进而导致引发自己新一轮愧疚感的行为。

自身不足让我们产生愧疚感。为了能让自己感觉好一些，我们经常会做一些引发自己新一轮愧疚感的事情。

于是，你尝了一点巧克力后，又吃掉了盘子里所有的巧克力；你去最喜欢的鞋店买了一双鞋子后，又忍不住买了另外三双。想要走出这个恶性循环的怪圈，关键在于要知道，这种恶性循环并不是自制力变弱引起的失误诱发的，而是控制力丧失、羞耻、内疚和绝望这些情绪综合作用的结果。

学会原谅自己

这时，情绪调节机制将发挥作用，这一点你将在第 3 章中学到更多。许多研究表明，帮助人们打破这种恶性循环最好的方法就是学会自我原谅，原谅自己显然要比责怪自己更有帮助。许多人认为，自责的感受有利于激励自己纠正错误。如果你认为提升意志力的关键应该是更严格、更自律地约束行为，那么你并不孤单，因为很多人都是这样想的，但是你错了，研究结果清楚地表明，过多的自我批评会导致做事动力不足，意志力弱化。

内疚感并不能激发意志力，相反还会削弱它。因此，要学会原谅自己。

意志力训练笔记：你要怎么与自己对话

要“当心”自己。你是如何面对挫折和失败的？也许你会批评自己，与自己的内心进行这样的对话：“你怎么这么愚蠢，现在你必须加倍严格地要求自己”或“你怎么了？现在你又成为弱者了”。也许，为了下一次做得更好，你会鼓励自己：“蛋糕虽然好吃，但却不是我真正想要的东西，下一次一定要抵抗住美食的诱惑！”我的建议是选择第二种方式，给自己多一点宽容和体谅。

奖励承诺还是真正的奖励

如果你想避免在遭遇压力的情况下意志力全线溃败，就应该拒绝及时享乐，寻找可以真正带来幸福感的方式。为了减轻压力，一种效果最差的策略是赌博、购物、吸烟、饮酒、暴食、玩电子游戏、上网冲浪或者每天看两个多小时的电视节目。这些不好的策略引发了多巴胺的释放，引起了持续的奖励承诺，但却不能每次都给你一种充实的奖励。而那些有效的减轻压力的方法有运动、听音乐、与朋友在一起、读书、按摩、散步、冥想、瑜伽或者纯粹的创作性的爱好。这些健康方式能够促进情绪的神经传递物质（如5-羟色胺和γ-氨基丁酸）释放，同时促进那些令人产生愉悦感的荷尔蒙催产素释放，降低人体内的压力荷尔蒙，拉开有愈合作用的放松反应的序幕，使呼吸节奏和心跳变得和谐，让你感觉平静。在多巴胺释放的时候，我们的大脑会冲动地产生一种错觉：似乎立刻去做那些“无聊”的事，就能获得幸福感。我们的大脑在承受压力的情况下会做出错误的判断，无法辨认能真正让人快乐的方式。

在承受压力的过程中，人们往往会忘记真正有效的减轻压力的策略，大脑会误导我们去选择那些无法兑现真正奖励的奖励承诺。

在每个平凡的日子里，我们都会消耗大量的意志力来推动各项事务的运行，并且通常运行得还不错。但如果精神上不堪重负、压力很大、缺乏睡眠或饮食不当，这些都会削弱意志力，让我们感到不舒服，于是我们便允许自己犯点错误，就又快速地导致了“无所谓了，就这样吧”的结果。如果我们在日常生活的各种挑战之外，还在追求一个重大的个人目标，就很容易达到意志力的极限。

意志力的极限

> 为了看得更清楚，往往需要改变观测的视角。
>
> 安东尼·德·圣埃克苏佩里

让我们感受一下是否真的如此：当意志力变强时，你开始努力；当意志力变弱时，你开始放弃。其实，绝大多数人都是如此。但那种耗尽意志力的感觉会持续很长时间，直到你确切地需要开始进行另一项事务。在这段过程中，大脑正在努力节约能量，并且会迷惑你的心智，让你觉得自己的意志力正在耗尽。这并不意味着你没有更多的意志力了，你还可以鼓起精神上的力量继续使用自己的意志力。如果没有这种能力，马拉松选手不会到达终点，登山者无法登顶，学生无法获得硕士学位，员工无法最终进步成为管理者。这是你的信念，无论当下的意志力是强是弱，通过这个信念，你都有能力去决定是放弃还是继续。有一句谚语说得好“有志者，事竟成”。

我们的信念让我们拥有选择、放弃或继续的能力。

意志力是否有极限？如果有，这个极限在哪里？答案是：意志力有极限，而且不合逻辑地存在于意志力当中。太多的意志力会导致我们过于注重自己的目标，让我们承受太大的压力，从而忽略了自己真正想要的到底是什么。相信每个人都经历过这种情况：在面临考试的时候，即使非常累、腰酸背疼，我们仍然不分昼夜地学习。尽管如此（或者是因为如此），我们还是搞砸了这次考试，因为在如此疲惫和透支的状态下，我们根本无法进一步理解和掌握知识。无法从精神上或情绪上及时“刹车”的人会丧失意志力。这就是意志力的第八个秘密。

我们必须学会在精神上或情绪上及时“刹车”，从而保存自己的意志力。

你是否会有些困惑？到目前为止，占主导地位的观点是：只有通过百分百的专注和坚持，心无旁骛地去追求目标，才是运用意志力最准确的方式。这种观点没错，但却可能导致相反的后果。如果只专注于一项任务或目标，觉得自己完全无法承受失败，那么你就会像下面这个故事中的黑猩猩一样被困住。

生活在非洲东南部的当地人在捕获黑猩猩时，他们会在树或白蚁堆上面切开一道狭窄的裂缝，裂缝的尾端连接着一个槽，那道裂缝窄到黑猩猩只有平摊着手掌才能伸进去。当地人把盐坨放进槽里，黑猩猩就像人类热爱巧克力一样酷爱盐坨，它们会费很大的力气把手伸过狭窄的裂缝去够槽里的盐坨。这个过程并不容易，当它们最终伸手拿到盐坨并抓握成拳头时，它们的手就怎么也伸不出来了。但它们想拥有盐坨的欲望是如此地强烈，它们无法做到放弃，于是当地人很容易就用这样的方法抓住了黑猩猩。

无止境的精神桎梏

如果你已经在头脑中“设置”了特定的目标（比如，做出一番事业或减肥成功），并为这个目标设计了完美的计划、全身心地投入进去，那么就会有一定的风险性，你会把你的意志力“禁锢”住。这时，你很难将自己的意志力从这个目标再次转移到其他目标上，而且很有可能陷进一个无止境的精神桎梏中走不出来，直到精神消耗殆尽，最终还有可能引发饮食障碍或者其他心理疾病。

将专注力从一个目标上释放出来并转移到其他目标上，这种能力对我们的身心健康至关重要。

如果你将自己所有的注意力长期牢固地集中在一个目标上，你会无法及时让自己的注意力太过集中，这会导致你精神紧绷、压力过大。在这种时候，只是一味地坚持很不明

智。正确的做法是：清楚地认识到自己已经没有能力再继续下去，及时止损、放手，尝试做一些完全不同的事情。对于大多数人来说，及时放手并不是一件容易做到的事情。大多数来我的心理治疗室的人都知道，及时停止集中注意力并让自己放松更有益处，但在他们的大脑中，这种“电路”根本无法轻易切断，他们总是有种“继续下去”的惯性，而很难做到简单粗暴地“命令”自己不再去想那个目标或任务。对我们有帮助的是，我们可以选择去做一件可以替代的、与之前那个复杂困难的任务没有太大交叉的事情，这样有助你转移自己的注意力。你可以建立新的目标任务或者找到新的方式、方法，就不会总对之前的任务念念不忘了。

你还有很多活动可供选择，如填字游戏、做数独谜题、深入研读一本好书、演奏乐器、园艺劳作、制作实用的手工艺品、远足或运动。很多时候，我们的头脑中总会跳出干扰的声音，它们不停地提醒你，让你现在根本没有办法暂停。但你知道执着的樵夫的故事吗？

一个樵夫应聘到一家伐木公司上班。这家公司的工作条件不错，薪水很好，所以樵夫很想给公司留下好印象。第一天，工头给了他一把斧头，并指派他到树林中的某个区域工作。在上班的第一天，干劲十足的樵夫一共砍了 18 棵树。“恭喜你，”第二天早上工头对他说，“请继续保持好成绩吧。”听了工头的话后，樵夫大受鼓舞，决定超越自己第一天的工作量，于是他当晚早早上床睡觉。第二天，他比别人都更早开始工作。但是，虽然他用尽所有力气却只砍了 15 棵树。“我一定是累了。”他想。于是，他在这天太阳刚落山就去睡觉了。第三天，天刚刚蒙蒙亮，他就投入了工作，并以坚定的决心要打破砍 18 棵树的工作量，但结果很遗憾，他只砍了 9 棵树；第四天，他砍了 7 棵树；第五天，他砍了 5 棵树……后来，一直到某一天，他用尽力气只砍了两棵树。樵夫很担心，于是他跟工头讲述了发生的这些事，并发誓自己绝对一直在辛勤工作。工头问他："你上一次磨利自己的斧头是什么时候？”“我根本没时间去磨斧头，我一直忙着砍树。”

让自己放松，做点别的事情，或换个思路去解决问题，重要的是“磨利”我们的工具。强行逼迫自己继续努力，这只是试图利用意志力来暂时性掩盖自己无能为力的借口。这样做可能使你达到意志力枯竭的极限，这可不是你想要的结果。

劳逸结合，学会状态的灵活切换

在运用意志力时，你需要在努力和放松之间保持一种很好的平衡；否则，你会很容易生病，至少这会降低你达成目标的可能性。我们对这种现象并不陌生：你长时间在某个任务上高度集中注意力后，就根本无法再继续下去了。你的内心会被阻滞，而通常会转而做其他事情，比如到处走走、清理房间或者烹饪一顿美味的意大利面。突然间，你的头脑中迸发出了新的灵感，你就能解决任务中的障碍了。那些著名的科学家、数学家和发明家的传记中都充满了这样的故事。最著名的例子有以下几个：阿尔伯特·爱因斯坦经过多年的工作后，在梦中找到相对论的解决方案；数学家亨利·波因凯雷在海边散步时，突然想到某个算术问题的解答方案；卡尔·高斯用了多年的时间推导某个数学定理，但始终没有找到解决办法，而当他在做一件与数学完全无关的其他事情时，答案就以迅雷不及掩耳之势突然出现在他的脑海里了。

我们对上述这种现象都有相应的科学解释：一旦我们高度集中的注意力停顿下来，感知便被打开，然后我们就愿意接受大脑中飘过的其他大量的想法，大脑中的联想网络机制就开始处理所有这一切，我们先前集中精力做的工作到目前为止就都变得直观起来。在这种情况下，大脑中可能形成一瞬间的灵光闪现。所以请记住：懂得休息的人，工作会做得更好。而休息的时间和频率取决于你所做的工作的复杂程度，以及你在特定的一天中集中注意力的能力和程度。从认知研究的角度，通常建议人们在集中工作三到四个小时后好好休息一会儿。不过，要是你的大脑在休息的过程中刚好出现了一个很好的灵感，那么迅速恢复工作状态、快速恢复专注状态、让好点子及时“落袋为安”非常重要。意志力强大的人可以很好地控制大脑中的“按钮”，从而实现在“集中注意力到复杂的任务上”以及“分散注意力去休息”这两种状态之间的灵活切换。你可以有意识地控制自己的注意力，有时可以不用那么充满意志力，要懂得休息，保持健康，让我们的意志力有可持续发展的空间，从而更好地为我们服务。

我们确实需要学会“强迫”自己休息，保持身体健康，优化自己的意志力，增加大脑中“灵光闪现”的机会，以便找到更好的解决问题的办法。

无止境的心理死循环

我们将注意力“牢牢锁定”在一个目标上的同时，也锁住了我们大脑中的情感思维，从而无法想到能够解决问题的好点子，接下来便是无止境的担心、失望、悲伤、苦恼以及由此产生的自我怀疑，这些会影响我们的情绪，从而错失解决问题的机会。有这样一个大家都熟悉的场景：我们在清早 5:19 醒来，我们其实可以再睡一会儿，因为定在 6:30 的闹钟还没有响，但是不行，我们的思维感受已经开始活跃，这就像一阵“思维风暴”完全无法再次平静下来。我们的内心还在不停地自我对话，内容从工作及家庭的那些不愉快或不可测性开始，逐渐变得越来越无边无际，这些混乱的思维最终惹怒了我们，因为它们搞得我们无法入睡。最后，当闹钟响起时，我们感觉很累，精疲力竭。我们无法摆脱那些让人痛苦的思维和感受，我们最终陷入一个怪圈，甚至可能会落入长期低迷、忧郁或恐惧的心理死循环中。在这种情况下，具备将注意力从一种（情感）状态下释放出来并转移的能力非常重要。有一些很好的技巧可以帮助我们停止头脑中的“思维风暴”，我们在本书后面有关情绪调节的章节中会详细讲到这个重要的话题。

对事物的支配能力

除了无力将自己的注意力及时“转移”，我们还有一个导致自己达到意志力枯竭边缘的“触发器”——对事物的支配能力。我们生活在一个“一切皆有可能”的社会中，周围的每个角落都潜伏着各种诱惑，那些对事物支配能力差的人往往需要付出比常人更多的意志力，才能将注意力从诱发自身欲望的物体上转移。你是否还记得威廉·霍夫曼的研究成果：在日常生活中，平均每面对 6 种诱惑，我们就会放弃对其中一种诱惑的抵抗。在最坏的情况下，你甚至会在某个环境中完全放任自己的行为和欲望，追求及时享乐的快感。你也可以为自己打造对意志力友好的环境，至于如何打造，请关注本书第 4 章的内容。

灵活的意志力

“灵活的意志力”魔咒：明智地使用意志力，它会成为通向成功的好助力；不停地违背意志力规律，它会消耗殆尽并导致人一事无成。你必须鼓起一点勇气在承受高压的情况下进行一个复杂的任务，但也要懂得缓解紧张的气氛，要相信，懂得放松会带你进入全新的下一个阶段。

精彩回放

在本章中，我们了解到意志力枯竭的原因，了解到每天自己的意志力“输入输出”的过程。我们之所以能够成功，最重要的不是下了多大工夫或者做出了多大的牺牲，而在于是否明智地使用了意志力。要想做到明智地使用意志力，我们仅仅懂得保护它、避免它枯竭还远远不够。在第3章中，我们将了解到培养意志力的12个好帮手，它们能让你有针对性地使用意志力，在成功的道路上更加事半功倍。

第 3 章

培养意志力的 12 个好助手

Erfolg durch Willenskraft

Wie Sie mehr von dem erreichen, was Sie sich vornehmen

当你有了自己的目标时，就锲而不舍地为之努力吧！虽然目标实现的过程总比想象的难得多，但通过阅读前两章，你已经可以完成以下三个重要的步骤了：

1. 自己设立了一个明确的、重要的目标；
2. 反思了自己的行为，确定它们是否与自己的目标相关、是否对实现自己的目标有益；
3. 你已经了解到意志力被透支的原因以及对意志力构成威胁的那些干扰、诱惑和借口。

在本章中，我们将继续学习培养和运用意志力的 12 个好助手，它们可以帮助你更有针对性地运用意志力。比如，一个好计划能够帮助你坚定自己的目标，集中所有的注意力，并更有效地约束自己；“自我奖励”和“让费力的行为变得自动化”，这些窍门可以帮助你度过成功道路上漫长的困难时期；“调节情绪”的能力同样可以帮助你应对困难时期的挫折，并让自己尽快回到正确的轨道上来；“来自内部的力量”可以帮助你突破自我、战胜自我。

制订一个好计划

当我们正在为生活疲于奔命时，生活已经离我们而去。

约翰·列侬

到我心理咨询诊室寻求帮助的人都会首先被问到一个问题："你是否有一个坚定的、真实的目标？"然后，我们会帮助他对这个目标进行完善和规划。一位高管总结了对自己目标的规划：

我的目标是：在保障日常工作顺利进行的同时拿到工商管理硕士学位。为了实现这个目标，我为自己制订了清晰的计划——什么时候该做什么、怎么做，并形成了一个基本的大框架。对我来说，硕士学位非常有价值：首先，我在攻读学位的过程中学到的知识能够帮助我提高领导力；其次，拥有硕士学位能够让我在自己的工作领域获得更多的发展机会。我会经常想象，当我的目标达成之后会收获多少益处。在执行计划的整个过程中，我的个人状态有起有落，但总体上我对自己努力的整个过程挺满意的。学习充满乐趣，尤其是当我通过努力获得学位和学习资格以及取得阶段性进步的时候，我都很有成就感。但另一方面，对我来说，学习要求很苛刻，作为高管，我免不了经常晚上义务加班，抽时间学习很辛苦。周末窗外阳光灿烂，其他人可以享受周末的温馨时光，我却要待在屋子里好好学习，牺牲了很多陪伴家人的时间。

我也想和家人或朋友们一起整理好登山设备去野外远足，或躺在草地上尽情享受日光浴，每当大脑中有这种想法的时候，强迫自己静下心来坐到书桌前学习就变得非常困难。当大脑中出现"现在别待在房间里学习，做那些有趣的事该多么美好啊"的念头时，我会对自己说："快停止这种想法。你有目标，你有要为之奋斗的事情，你要把硕士头衔添加到自己的名片中，你需要更多的职业发展机会，你还要学习成为一位强有力的领导者。好好想一下，当你获得硕士学位后，一切该有多棒！"

然后我会有意识地收回自己的注意力，好好学习，不再被窗外的风景吸引，将所有的思绪收回，投入到自己之前搭建的学习计划大框架上去。我将每个大的学习任务划分成小的学习阶段，并逐个突破，这样一来，我就能快速直观地看到自己取得的成果和进步，并获得满满的成就感。在突破每一个小阶段后，我都会给自己一点奖励，当然，这些奖励也包含在我的计划内：完成第一个小阶段，我会奖励自己一杯浓缩咖啡；完成第二个小阶段，我会奖励自己一个甜点；完成第三个小阶段，我可以出去散散步；当完成一个大的学习任务时，我就可以跟家人一起去看场电影了！

这是一个不断平衡的过程。所有的东西都在天平的两端：一端是那些能够分散我的注意力、让我觉得很难坚持的事，我觉得好累，我的压力真的太大了，我想睡觉、想放松，我想看电影、看电视，我想陪着家人一起享受日光浴……我多么希望自己的目标现在就已经实现了，那样我就不用经历成年累月的漫长煎熬。所有这些感受都会削弱我的意志力。在天平的另一端是我的计划和为实现目标所做的付出，当我实现了一个又一个小目标时，我会很有满足感，我不但享受了学习的乐趣，还会获得更大的职业上升空间，能够找到适合自己需求的职业规划，并成为一个成功的领导者。通过获得一个硕士学位，我能获得如此多的益处，重要的是，我成功地做到集中注意力、全力以赴完成计划这件事，我觉得自己很赞！

对意志的控制

为了有针对性地使用意志力，你首先要有一个好计划，而一个好计划通常建立在一个好的目标的基础上。请注意，你的目标要在自己的能力范围之内，那些超出我们能力的事情（比如“我想赢得彩票”“我想要改变我的老板”或“每天只睡两个小时就好了，可以赢得很多的时间”）可不行。对于那些不切实际的事情，无论我们投入多少意志力也是没有意义的。我们可以购买一张彩票，但无论我们投入多少努力都无法影响结果是否会赢；我们可以告诉老板自己的困扰，至于他是否因此做出改变也不在我们的控制之下。但即使我们为那些有可能实现的目标投入了很大的精力并做出了不少牺牲之后，也无法保证它们一定会成功。我们通过健康饮食和经常性的运动来改变自己的体重，这时，减肥便是我们可以有意识控制的目标。如果我们没有做某事或放弃某事的能力，那么有意识地控制自己的行为就没有任何作用。你如果真的每晚只睡两个小时，疲劳就会迅速淹没你，你的身体也会承受不了。面对这些无法实现的事情，我们根本没有选择的余地。

意志力只会在那些有实现可能的事情上发挥作用。

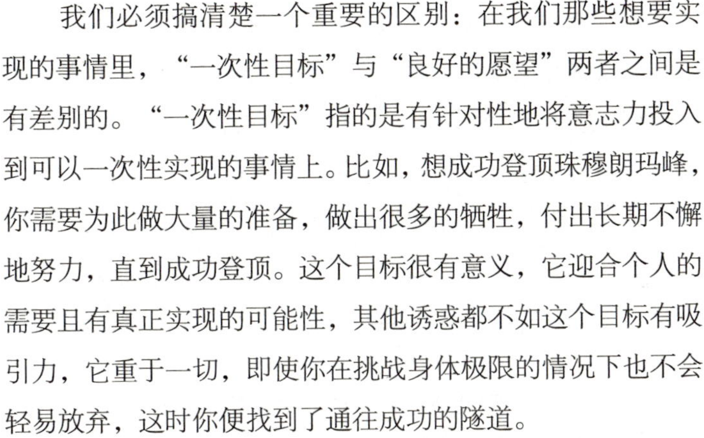

我们必须搞清楚一个重要的区别：在我们那些想要实现的事情里，“一次性目标”与“良好的愿望”两者之间是有差别的。“一次性目标”指的是有针对性地将意志力投入到可以一次性实现的事情上。比如，想成功登顶珠穆朗玛峰，你需要为此做大量的准备，做出很多的牺牲，付出长期不懈地努力，直到成功登顶。这个目标很有意义，它迎合个人的需要且有真正实现的可能性，其他诱惑都不如这个目标有吸引力，它重于一切，即使你在挑战身体极限的情况下也不会轻易放弃，这时你便找到了通往成功的隧道。

那么，应该如何理解“良好的愿望”呢？为了健康的生活，你打算从今天开始多吃水果、多运动（或者戒烟、少喝酒、多睡觉、少看电视、少上网、节约用钱），这些其实不能称之为“目标”，而是“良好的愿望”。这些目标之所以能实现，并不是你一次性地“登顶”就能获得成功，而是需要你长久地维持达到的效果才算成功。你要花费很大的工夫来持之以恒地维持良好的效果，你要继续放弃高热量的美食，还要继续对抗生活中的各种诱惑……这个过程不只是经历数天、数周，而是经年累月，行为的改变必须成为你生活的一部分，才能长久地维持“成功地实现良好的愿望”的效果。

登顶珠峰这个“目标”或多或少都有追求个人价值的成分，其实现的可能性无论大小都是存在的，只要你努力坚持，就能达到成功的顶峰。而健康的生活这个“良好的愿望”却是另外一回事。在整个人生中都始终保持健康的生活习惯是一件非常困难的事情，因为你每天都会面对各种各样的干扰和诱惑。想一想，每天都必须在吃巧克力和吃水果之间举棋不定，你的注意力就会消耗在这些犹豫和选择之中，你还要控制自己去选择那个让自己感到费力的决定。很多人都会失败，因为他们把需要每天维持的好习惯当成一次性目标来对待，他们努力达到了目标却没有好好维持，最终一切都恢复原状。

其实，成功实现一个良好的意愿需要努力地保持成功后的成果，这比实现一次性的目标更难，因为其需要永久性地改变你的生活方式。

到达成功的巅峰之后

很多意志力强大的人能够成功地挑战一个又一个目标，但也会在到达成功巅峰后有一个意志薄弱的阶段。我们仍然拿登顶珠峰做例子吧，当问登山者们为了成功登顶都会做哪些准备，很多人都会说：“就像每次为了目标而开始奋战一样，只要决定要登顶了，我便开始进入紧张状态，有针对性地调整个人的行为，为登顶这件事做好准备。我将自己的注意力都投入到和登山有关的信息上，规划好每一步，研究各种登山必备的技能，制订饮食及减肥计划，不喝酒，早睡觉。一旦目标上墙[①]，我就会坚持不懈地为之努力，直到我成功地站在山的顶峰。”然后，我们再问这些登山者们一旦登顶成功后会怎样，他们大多数人会这样回答：“登顶成功后，登山这件事就彻底过去了，我却常常难以自控地陷入另一个极端，我不再健康饮食，开始饮酒，不规律地睡眠，开始虚度时光且无法集中注意力，瞬间，一切都被打回原形了。”

从我们日常生活的角度来看，这种状况也无处不在。比如，你打算减肥并制定了一个专门的食谱，要在两周之内严格控制饮食，少吃并健康地吃。当这个过程结束时，你可能会这样想“我成功地完成自己想要做的事了”或者“完成了！我终于可以去吃一些自己想吃的东西了”，但请注意，你对自己行为的解释（在这里指的是减肥）至关重要，这一点我们已经从第 2 章中有所了解。当你认为自己“完成了，搞定”一个目标时，你很有可能在两周以后又开始吃奶油蛋糕、巧克力和薯片；而当你认为“我成功地完成自己想要做的事了！我要保持这个状态”时，你反弹吃不健康饮食的可

① 上墙：把目标写在墙上，下定决心做。——译者注

能性会相对较小。如果你为自己设置的目标可以在一段时间后达到（如攻读硕士学位），你可以认为在“完成了，我终于可以像以前一样生活了，不需要将所有的下班时间及周末时间都拿来伏案学习了”这种情形下，你的目标会有一个完成日。但是，如果你的目标其实是一个良好的愿望（如想要保持健康的生活），你就不能用“完成”的态度去看待它，因为这类目标没有完成日，它们需要你持续地保持成果，你必须用“我这样做是因为我希望自己如此”的态度来看待它。

无完成日的目标只能用“我这样做是因为我希望自己如此”的态度去看待。

助手 1：事件 – 时间 – 方法 – 计划

能够有意识地操纵自己行为的人实现个人目标的可能性会更大。1986 年，心理学家海因茨 • 埃克哈森（Heinz Heckhausen）和彼得 • M. 戈威策（Peter M. Gollwitzer）提出了一个心理学理论，将人们“意愿产生—做出决定—付诸行动”的整个过程总结到一个行为模型（卢比肯模型）中，这个模型描述了四个阶段，无论你是想攀登珠穆朗玛峰、取得硕士学位还是想拒绝日常甜食的诱惑，都会遵循这四个阶段的特点。心理学家马哈 • 斯托奇（Maja Storch）随后又为这个模型补充了第五个阶段，这个补充阐述了我们内心无意识的需求会影响我们对目标的选择。在本书中，我们不再对这个补充的阶段做具体的阐述。

阶段 1：权衡并选定目标

在第 1 阶段，你还依然坐在沙发上，权衡着如何在那么多想要实现的事情中选择一个作为自己确定的目标。为了以后让你的意志力发挥出最佳作用，这个目标最好能够迎合你的潜意识需求。我们在第 1 章中已经阐述过这个问题。从“希望”到“着手做”，我们做的第一步便是从很多的可能性目标中确定一个目标，只有这样，我们才能真正将意图转化为实现目标的动机。一旦目标被选定，你的意志力必须从别的目标的可能性上抽离出来，集中在这个目标上。

> **我们只有将注意力集中在目标上，才能最终实现它。**

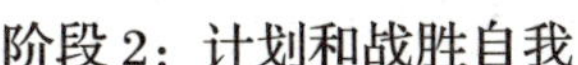

阶段 2：计划和战胜自我

在第 2 阶段，你会为自己的目标制订有意识或无意识的行动计划：应该在什么时候、怎么样、用什么辅助工具来开始自己的计划。研究显示，如果你能有意识地为一项任务制订周全的计划，那么这项任务被成功完成的概率就会更大。这项计划包括前期对整个行动过程的展望、预测在这个过程中会遇到的诱惑或问题等，并做好所有的应对方案。这是很有益处的，毕竟解决问题的最佳方法就是在问题浮出水面之前将其消灭掉。当我们做好计划之后，下一步就是战胜自我了：起身离开沙发，开始采取行动。

解决问题的最佳时间是问题出现之前。

阶段3：行动并持之以恒

在第3阶段，坚持、坚守、不放弃、持之以恒这些特质开始发挥作用。如果你还是继续躺在沙发上，那么就危险了，因为追求目标的过程必然是费力的，你会面对各种内部和外部的阻碍以及挫折。这时，你的意志力必须要发挥作用了，它必须确保你能够坚持下去，也就是将你追求目标的意图付诸行动，并确保这种行动能够有效地持续，直到成功。你需要毫不松懈地控制好自己的注意力，将其集中到目标上。你的耐力会受到严峻的考验，你必须一次又一次地战胜自己。这种战胜自我的力量需要长期地发挥作用，直到你与目标有关的行为变得习惯化、自动化，这时你就不必为调整和控制行为而感到费力。在追求目标的过程中，不断会有各种问题或障碍浮现出来，因此我们也需要对自己的计划进行实时的跟踪和调整。自信能够帮助你克服这些挑战，良好的情绪调节可以帮你有建设性地应对挫折。

我们必须一次又一次地战胜自己。这种战胜自我的力量需要长期地发挥作用，直到你已经习惯了与目标有关的行为。当执行这个行为的过程变得自动化时，你就不必为了调整和控制这些行为而感到费力。

阶段 4：完成与评估

无论你最终是否达到目标，你都需要在整个行动结束的时候进行一次跟踪总结，这就是第 4 阶段。你应该评估自己的决定和行动，并反馈给自己。这个反馈对于我们未来设定和实现目标都非常重要，因为我们学到了非常重要的经验。你如何让这些自我评价在未来发挥作用，这将深刻地影响着你的个人效率（见图 3–1）。

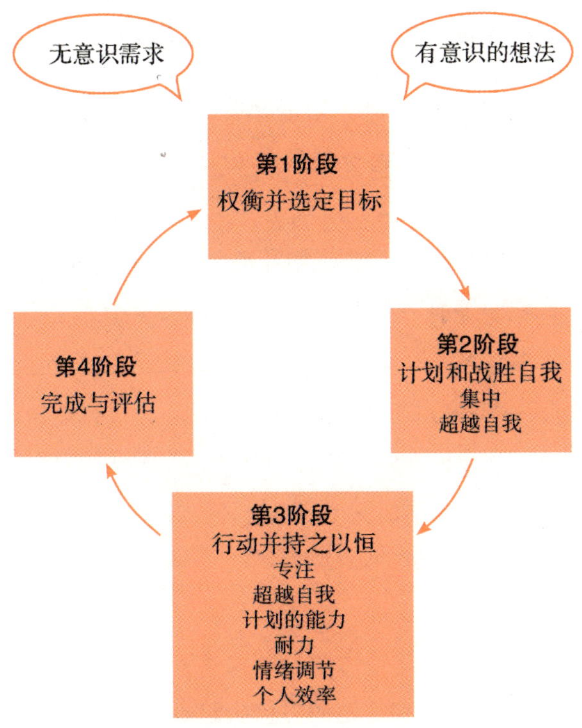

图 3–1　有意识地控制意志力的 4 个步骤

一个好计划至关重要

俗话说："即使你已经做好了百年的计划，也无法预料到接下来的一刻会发生什么。"

我们需要一个好计划，它应该是简短的、简单的和具体的，包括什么时候、为实现目标做些什么等具体内容。我们务必要把整个过程划分成一个个小的步骤，只有这样，你才能更好地分配自己的精力，也更容易做到持之以恒。你要在自己的脑海里规划好每一个小步骤的实施方式。

假设你计划用 12 周的时间减去 10 千克体重，那么你可以以一星期为单位，将计划分成 12 个小阶段，因为你计划一个星期去两次健身房，所以还可以将每个星期的小阶段分为两个更小的阶段。不要觉得明天还早，在第一次去健身房之前，你就要提前一天规划好所有的细节（比如在哪个时段去锻炼、锻炼多长时间），你要准备好自己的健身包，还要提前想好用哪些方式（比如跑步机锻炼还是进行器械训练）进行锻炼。如果你在所有的计划开始之前都能做好充分的准备，等到你要锻炼的时候就不需要再做更多的考虑和选择，战胜自我也会变得更加容易。

自我承诺

每个计划都有其特定的方向，这就像一个导航设备一样，你要事先为自己创建一个"自我承诺"作为目的地，在大脑中提前规划好自己想要走的道路。你要创建一个可以严格执行的结构，这样的话，你在任何时候或任何情况下想要退缩、不再执行原定计划、遇到意料之外的障碍时，都不至于马上丧失勇气而轻易放弃。让你的计划尽可能简短、操作简单、越具体越好，并让其在头脑中一遍遍地（最好每天数次）回放。要注意有完成日期的计划（攀登珠穆朗玛峰）和无完成日期的愿望（活得更健康）之间的差别，尤其要对无完成日期的愿望制定正确的、循序渐进的方法和步骤。例如，为了健康的生活，我计划的第一步是每周运动一次，每次 15 分钟。

精神上的“预演”

在大脑中想象你未来将做出的行为，为它们进行“预演”：什么时候、做什么以及如何做。对你来说，在超市的甜品柜台前视若无睹地经过是一件很困难的事情，那么你可以提前做一个采购计划，具体到买什么、什么时候买和买什么样的东西，标记出你需要的物品的位置。考虑一下，你身体中的血糖水平在什么时候是平衡的，此时你不会对甜品产生太深的欲望，你在这个时候去购物不容易被甜食所诱惑，然后你可以提前观察在超市里走哪条路线可以避开甜品区。

助手 2：自我反思

当你阅读本书前面的内容（尤其在那几个小练习的帮

助下）时，相信你已经或多或少开始进行自我反思了。有时，自我反思就像一副神奇的眼镜，它能发挥出意想不到的作用：透过它，你能更好地控制自己的行为，因为你对自己行为的观察和反思是一个主动控制的过程，这往往是改变行为的第一步。跳出自己的习惯性思维模式，以外部的眼光重新观察并反思自己的行为，思考自己做事情的方式；然后，换个思维想一下，有没有其他更好的方式可以有针对性地解决问题。每天，你也可以在临睡前 5 分钟对这一天做个总结，想想你为了更加接近目标做了什么：为了夏天减掉 10 千克体重，你有没有多锻炼、少吃巧克力？你有没有拒绝乘电梯、改爬楼梯？你有没有少乘车、多步行？你吃早餐时是否用低热量谷物代替了巧克力蛋糕，你在公司食堂用餐时是否用水果代替了甜点？

通过这种自我观察与反思，你的注意力能够更好地集中到自己的目标上，你能更好地抵抗其他欲望的诱惑，你会不断地调整自己的行为，你的注意力也得以加强。所以，好好想想吧，你今天为了更加接近目标又做了什么呢？然后，你再熄灯睡觉。接下来，我们要关注下一个意志力助手了，你具备有意识地控制自己注意力的能力吗？

控制注意力

能量总会汇聚到注意力投放的地方。

夏威夷谚语

你的能量及其控制的行为总会汇聚到你投放注意力的地方。每位赛车手从上第一堂训练课时就被反复强调，一定要在路过急转弯时全神贯注地看赛道，务必看清道路的界限，因为赛车在高速通过拐弯时，由于离心力的作用打滑出赛道界限的风险非常大。其实我们每个人都知道这种现象：我们在驾校上课时就被反复强调，在开车时要专注地观察路况。如果你在驾驶时目光被道路左侧的促销海报所吸引，那么你会不自觉地将车往左侧偏移，最坏的后果可能会酿成交通事故。20 世纪 90 年代，时装连锁店 H&M 在繁忙的交通路口放置半裸的泳装模特广告海报，导致发生追尾碰撞事故的数量急剧增加。

意志力训练笔记：你现在的注意力

你现在处于什么状态呢？你是站着还是坐着？也许你这会儿是躺着的吧？你是否将自己所有的注意力都投入到自己的目标上了？你听的音乐是否还在播放？你是否时不时看看智能手机？你现在大脑中正在想什么？你有什么样的感受？你觉得饥饿还是饱胀？你觉得昏昏欲睡还是精神奕奕？你感到轻松愉快还是很有压力？你这会儿是在全神贯注地阅读本书还是在漫不经心地想着别的事情？

前面列举的这些例子便是在探索你当下的自我意识，即你自己的注意力。你在有意识地使用自己的注意力，想弄清自己的感受是什么样的。如果你能全神贯注地阅读本书，不会时不时看看新的微信，也不会因为外界刺激或感情因素而分心，那么你明天很有可能依然记得书上的内容并从中获益。也许，你被身边的一个年轻女子的图案拼图（一种两面的反转拼图，其中一面有参考图案，另一面没有参考图案，当你按照参考图案拼好一面时，你才能看到另一面是什么）迷住了，这时你是选择继续读本书，还是看看拼图拼好后背面图片的萨克斯演奏家长什么样子呢？

如果你心底的愿望是看到拼图背面的未知图像，你的大脑中便形成了冲突：你到底应该集中注意力（读文章），还是应该分心开小差（玩反转拼图）？每当你尝试专注于一件事并抵制其他引诱时，就会出现这样的内心冲突。

我们的注意力是有限的

人的注意力非常有限，你不能在同一时间内做两件事情：拼图和阅读。注意力就像装在大肚细口瓶中的水，在同一时刻，只有少量的信息可以通过瓶口进入大脑，并被进一步加工。所有打断你注意力的因素（无论是来自外部的诱惑，还是内心对未完成任务的担心以及对自己财务状况的忧虑）都会占用你有限的注意力内存，削弱你处理问题的能力。在同时进行两个目标时，你需要投入太多的注意力，当这种投入超出了你的能力时，两件事情都会停滞不前。无论是我们在第 1 章中提到的同时看电视加颜色的小测验，还是上面提到的同时阅读加拼图的小测验，你都会发现，同时将注意力投入到两件事情上是不可能的。

凡是需要我们投入注意力的事物都会占用我们有限的注意力内存，影响我们处理问题的能力，削弱我们的意志力。

专注力水平测试

请回答下列问题：

1. 你还记得自己早上吃饭了吗？
2. 你还记得今天早上是什么天气吗？
3. 你还记得之前给你打电话的人说了什么吗？
4. 你在吃东西的过程中关注了自己的味觉感受吗？
5. 你还记得本章开头的夏威夷谚语吗？

你对上述问题做出的肯定回答越多，就说明你对自己的注意力控制得越好。

你怎样做才能把意志力集中到一种意图上，就像用放大镜把所有光线都聚焦到一个小亮点上那样？在当下这个“一切皆有可能”的社会中，面对信息爆炸和无处不在的诱惑，集中注意力可不是一件容易的事情。我们这个时代有两种重要的“分散注意力的机器”：电视和网络。同时，广告深深吸引住了大众的注意力，让人们总是沉浸在对新事物的向往中，并让人们想去做或拥有它们。那些让我们感觉既省力又有乐趣的事物总能赢得我们的心，我们的两种生物本能

“节约能量”及“享乐最大化”总会跳出来迷惑我们。我们一旦被这些奖励承诺所诱惑，便很难再将注意力集中到自己的目标上。外部干扰往往只是我们内在分心的助推器，那些没有认清自己的内在需求或者选择了不符合自己内在需求目标的人，其更容易被外界因素诱惑而分心。解决方案是有意识地控制自己的注意力，这就是我们开启意志力的金钥匙，也是获得成功的关键。

助手3：屏蔽干扰

当你因外部的干扰刺激而分心，想要偏离既定的追求目标的轨道时，有一种简单的、让你在面对众多“注意力盗贼”时也能轻松“集中注意力”的应对策略。集中注意力的艺术在于“做减法”，其重点是屏蔽或者消灭干扰因素，以“少即是多”的概念来代替“越多越好”。

集中注意力的艺术在于“做减法”，其重点是屏蔽或者消灭干扰因素。

来自外界的干扰

你觉得自己应该少吃点儿巧克力，但你的冰箱里却放满了巧克力，那么你有两种解决方法：把巧克力藏起来或干脆扔掉；你想学习英语，但你深知学习过程不但辛苦还毫无乐趣可言，那么你最好不要把杂志、电视遥控器之类的东西放在眼前，否则的话，你放下英语书打开电视看的可能性就非常大。为了排除这些干扰，你必须战胜自我，这些“减法”策略在此时显得尤为重要。对于大多数能吸引我们注意力的干扰物来说，我们应对这种诱惑的最好办法就是眼不见为净；否则，在眼睛能看到的情况下，你需要多花数倍的意志力才能抵抗这种诱惑。懂得“做减法”是将我们有限的注意力集中到自己的目标上很关键的一步。

在适当的环境下集中注意力，我们会更加事半功倍。我们要懂得自我控制，而不要让别人控制自己的注意力。想想那些带有各种噱头的产品包装，它们以“低脂”等字眼吸引你的注意力，但你自己要明白，这种产品依然含有大量的糖分，而不要被那些噱头控制了注意力。

我们可以将大多数分散我们注意力的事物从自己周围的视线中移出或屏蔽。

意志力训练笔记：消除干扰

你要专注于一个目标，只有当你排除或消灭干扰的时候，你才能更加轻松地集中自己的注意力。思考一下，当你不停地被各种电话、邮件、门铃或其他外界因素干扰时，你怎样做才能更容易集中注意力、更加专注在一项任务上，并且至少在几个小时里不被干扰？

来自内心的感觉——最强的干扰

其实，来自外部的干扰比较好应对，但如何应对来自内心的干扰呢？当你正在实施某种行为时，也许你的大脑中一直在想着其他事情，各种杂念强烈地干扰着你的感受，导致你的注意力无法集中。你问那些登山的人一路都看到了什么风景，他们往往会回答："一旦登上险峻的悬崖峭壁，我所有的注意力及目光都集中在自己身边那一小块范围之内，我会小心翼翼地找到安全的支撑点进行攀登，而不会对悬崖峭壁上的风景想太多。"这一回答同样适用于职业足球运动员，还记得2014年世界杯吗？在1/8决赛和1/4决赛时，人们有时会进行加时赛，然后进入罚点球阶段。试想一下，球员们在此时此刻所面对的压力和失败的恐惧有多大，因为全国、全世界的球迷都在看着他们。专业足球运动员（尤其是那些最受欢迎的运动员）们的心理素质过硬，他们都懂得如何控制自己的情绪和想法，只有这样，他们才能在点球的那一刻暂时忘记所有的紧张和恐惧，专心射门。人们可以学着暂时关闭自己的情绪阀门，将所有的注意力都集中到一项任务上，至于如何学习，请关注本章接下来的内容。

人们可以暂时关闭自己情绪的阀门，以专注进行一项任务。

也许你既不是专业的登山者，也不是一名职业足球运动员，但是你可以学习这些人专注的品质，从而渡过困难阶段，全力以赴到达自己的目的地。在日常生活的每一天中，我们的思维就像一个上下弹跳的橡皮球一样总是来回跳跃，在工作的时候尤其如此：一会儿激情昂扬，一会儿又萎靡不振。很少有人可以在处理一项任务的同时，还能思考待办清单上另外 15 个未完成的任务。当老板不停地催问第 1 个到第 7 个任务的进度时，这往往会打断我们的专注力，令我们无法将精力集中于某一项特定任务。

在这种时候，有一种方法可以帮到你，那就是 1920 年在心理学领域发现的蔡加尼克效应，它是一位名为布卢马·泽加尼克（Bluma Zeigarnik）的心理学专业学生与其导师、著名的库尔特·勒温（Kurt Lewin）教授在柏林的一次午餐中发现的现象。蔡加尼克效应指的是我们总会不停惦记着未完成的任务和未达到的目标，而当一个任务彻底结束的时候，我们在头脑中与其有关的头脑风暴也会随之停止，之后则会彻底忘记它。这时，我们就可以把注意力完全集中到新的东西上。

人们会一直惦记未完成的任务，直到它彻底结束。

无论是在工作上还是私人生活上，我们都可以利用这种效应来保持专注力，避免为那些未完成的事情而分心。当你想将精力集中于一项任务，但大脑中却有其他任务不断让你分心时，不妨把让你分心的任务迅速写下来，安排好顺序，并提醒自己：当手头上的任务完成后，迅速开始做这些让你分心的任务。举个例子：你已经安排好用一个小时的时间学习英语，但你的大脑中总在惦记着工作上没做完的那些事，那你就简短快速地将自己惦记的工作任务记下来，在这一个小时过完或者第二天开始上班时迅速投入到这个工作任务中去。通过这种方法，你为自己一直惦记的事情找到了一个临时的解决方案，这样的话，大脑中那个上下跳动的“小橡皮球”也会暂时安静下来。这种方法就是利用了大家所熟知的“重新提醒”原则。

蔡加尼克效应可以帮助我们暂时把对未完成的事情的担心从脑海中排除。当一名球员站在球门 11 米开外的地方准备发点球，但心中却充满了自我怀疑和对失败的恐惧时，他就无法准确地将足球射门。职业足球运动员必须懂得在这一刻做到心中无物，他眼下只有这个足球和前方的球门，然后专心射门，只有这样，他才能承受住高压，取得成功。通常在完成射门的几秒钟后，我们才能从球员的反应中观察到他们发点球时的感受。例如，巴西足球明星内马尔在 2014 年世界杯第二轮对阵智利成功点球后，被媒体拍摄到膝盖跪地哭泣的情景。而内马尔的情绪调节能力也很值得人们学习，同样在 2014 年世界杯，在对哥伦比亚的 1/4 决赛中，由于对方球员的犯规，导致他脊柱骨折差点残疾，并彻底退出了那届世界杯的比赛。但他丝毫不放弃对治愈的期望，最终重返赛场。这种精神值得每个陷入困境的人学习。真正的意志力强者，即使面对令人担忧或悲伤的事情，甚至承担着身体或精神上的痛苦，他们都不会轻言放弃，直到取得令自己满意的成就，因为他们始终专注于自己制定的最高目标。

帮手 4：正念

德宝法师［玛哈提拉·观勒拉坛达（Mahathera Gun-aratana）和尚］曾说："正念[①]，是用一种不可强求的手段获得的专注力，它本来就在那里，只需明心见性即可获得。"如果你觉得自己很难专注于做一件事，大脑中各种意图、想法和情感挥之不去，那么冥想、瑜伽、户外散步或慢跑都有助于你唤醒身体知觉，从而集中注意力。许多研究结果显示，每天冥想几分钟对集中注意力、消除分心、控制冲动和抵制诱惑都能发挥积极的作用。因此，冥想是基于生物学最简单、最有效的提高意志力的方法之一，它简单便捷，每天做 5 分钟就好。我们可以尝试以下两种有着 2500 年历史的印度呼吸冥想的"内观"[②]方法。

呼吸冥想 1

找一个让自己觉得舒服的姿势，坐、躺、站皆可。闭

① 正念：此处做佛教术语，意识不在虚拟的思维世界里发散、徘徊，而是专注于现实的事物。——译者注

② 内观（毗婆舍那，Vipassana）：它在印度巴利语中的意思是观察如其本然的实相，是印度最古老的禅修方法之一，在年久失传之后，于 2000 多年前被释迦牟尼重新发现。——译者注

上眼睛，或者把你的视线固定在某处（例如，将视线集中在一面空白的墙上，而不能是任何图像或荧光屏幕），注意你的呼吸。当你呼气时，在心中默念“呼气”；当你吸气时，在心中默念“吸气”。如果你在训练的过程中，大脑里出现了其他一些想法、感受或者感情，导致注意力转移也不要紧，你只需随时将注意力转移回来。你应关注自身的身体信号，如如何呼吸、气体如何通过鼻子、呼吸气流量的大小或用腹部进行呼吸时的气体是如何通过胸部的等。

呼吸冥想 2

放慢你的呼吸节奏，使自己每分钟呼吸 4 到 6 次。通过刚开始的一段适应性练习，你会逐渐做得很好。适应这种节奏之后，进一步放慢呼吸速度，变为深呼吸，每 10 到 15 秒钟呼吸一次。确定一下，自己通常在一分钟内呼吸多少次，然后再逐渐放慢呼吸，但不要屏住呼吸。要注意，一定得慢慢来，完全吸气，再完全呼气。通过这样的练习，即使每分钟呼吸 12 次，你的心脏心率变异性也会升高，你会逐渐感到平静、美好和（意志上的）坚强。

呼吸冥想是最有效的“意志功率强化器”。除此之外，还有一些简单有效的方法可以帮助你增强意志力。通过被控制的慢呼吸，血液中的应激激素水平会下降，你的心脏心率变异性增加，前额叶皮层的意志力中心被激活，几分钟后，你会感到平静。你只需要每天花费 5 分钟做这个练习，便可达到持续增强意志力的目的。

解决意志力困境

这听起来似乎很棒：要是人们都能做到这一点，那么大家的每一天都会变得很充实，拥有更多的能量，突破个人的意志力界限。这样的话，你就更有能力去对抗“意志力盗贼”，也能抵抗住产品包装上迷惑性字眼的诱惑，因为你拒绝自己的注意力被外界因素所操控。但是，制订一个计划或者坚持冥想同样消耗意志力，你可能无法克服这一点。在这个阶段，我们只是下决心要去做点什么，但很可能依然停留在沙发上，这时，你发现自己面临这样一个意志力困境：想要离开沙发真正行动起来、有针对性地投入意志力去实现自己的目标，这同样需要意志力。不过，还有一种有效的解决方案，那就是自我奖励。

自我奖励

通过一些小小的、有针对性的自我奖励，你会更加轻松地战胜自己，向目标迈出第一步，并能在漫长的、通往成功的道路上坚持得更久。在这方面，那些利用奖励承诺做文章的市场神经科学家们就很值得我们学习。激活你的奖励系统，鼓励自己采取行动。在第 2 章中，我们已经学习了“意志力盗贼”中有关奖励承诺的现象，我们大脑中的动机系统有这样的工作原理：奖励承诺刺激多巴胺分泌，从而促使人们采取行动。请为自己设计一整套奖励机制，将漫长的、需要完成的任务过程划分成若干段，将每一段再分成若干个小步骤，每完成一个小步骤就给自己一个小奖励，每完成一个阶段就给自己一个大一点的奖励，这样就能鼓励自己一直坚持下去，整个漫长的努力过程将会变得不那么难熬。

助手 5：制定奖励计划表

你可以将那些让自己觉得紧张劳累的日常活动与一个令人愉快的奖励计划结合起来，这样的话，你会获得更多积极的动力。继续参照市场神经科学家们采取的方式，充分利用音乐旋律、气味、颜色、图片等所有能激发你内心关于奖励的一切事物。例如，当你在健身房的跑步机上锻炼时，你可以同时听自己喜欢的音乐或在中途休息时阅读一本时尚杂志。你在工作之余还要每天紧张地准备在职 MBA 考试，那么你可以来上一杯茶或咖啡，点上一个可以让人感到愉快或集中精力的芳香精油，或者放一段轻柔优美的古典音乐。

为自己打造一个轻松的工作环境，让自己有一个舒适的状态。比如，当你要专心致志做好纳税申报工作时，你可以穿着舒适，坐在一把符合人体工程学设计的椅子上。虽然这些小小的回报并不属于你追求的目标的一部分，但它们作为奖励可以发挥出非常积极的作用，帮助你战胜自我。所以，尝试一下吧。

在做那些费力枯燥的事情时，给自己点奖励。

意志力训练笔记：为下一个步骤打造的奖励

看看自己的计划表，你下一步要做什么事情？这件事情在整个长期目标中的重要性如何？如果对于你来说迈出接下来的这一步很难，那就不妨为自己设定一个奖励作为激励自己的动力。比如，你在打扫房间的时候可以听自己最喜欢的音乐，你要考虑的只是紧张劳累的任务与哪种轻松愉快的行为比较匹配。

分阶段奖励

为自己设定一个可以快速实现的阶段性小胜利。假设你想学一门外语，你不应该整天恶补语法，而应该从常见的日常用语开始学习。这样的话，你会感觉已经可以用这门语言进行简单的交流了，尽快地学会说能让你对学习这门语言更有成就感，这就是一种很好的奖励。

在你的“何时、如何、做什么”计划中，将通向成功的道路划分为若干阶段，可以帮助你度过漫长的艰难时期。不要在大的阶段为自己设置奖励，而要在每个小步骤完成时犒赏一下自己。请注意以下三个自我奖励规则。

1. 及时自我奖励。自我奖励需要你在自愿执行的前提下尽可能地及时兑现，这样奖励的效果才会与紧张劳累的行为更好地结合起来。你以减掉 10 千克体重为目标，最好在每周两次的运动之后给自己来点奖励、制造点乐趣，以减轻减肥带来的疲惫和厌倦感。比如，你可以去看场很棒的电影。

2. 无特定规则的自我满足。你无需在每次体育活动后都给自己固定不变的奖励。如果不停地重复同一种奖励行为，那么奖励的效果也会随着时间的推移而降低，你会越来越感受不到奖励带来的满足感。因此，不要每次健身后都去看电影，你可以选择下次锻炼后读一本好书或与朋友小聚一下，这会让你的自我奖励方式变得丰富多彩。

3. 恰当的自我满足。你的自我奖励应符合你的任务强度，也就是说，你的自我奖励要符合自己付出的努力。用一个大的自我奖励来匹配一个小的成果并不能进一步激发你的斗志，相反却会削弱你的意志力。在跑步机上锻炼20分钟后，你给自己买了一个昂贵的礼物，这是不合适的；不过，在达到目标或减掉10千克体重后，你与伴侣一起度过一个健康美好的周末，这是非常合适的。

意志力训练笔记：目标导向行为的奖励

实现目标的过程漫长而艰辛，所以对自己好一点，经常奖励或犒赏一下自己。现在好好思考一下，什么样的奖励方式比较适合自己，能让自己在紧张枯燥的任务中感到轻松一些？然后为自己的下一次努力做个合适的计划，以目标导向的眼光审视这些自我奖励的行为，看看它们是否真的让你感到轻松并能帮助你战胜自我。

向竞技运动员学习

我们可以向那些竞技运动员、艺术家和科学家们学习。想要达到目标，我们就无法避免高强度的努力，在这个过程中，我们可以在大脑中反复为自己设定各种各样的奖励，这些可以支撑我们度过漫长又艰苦的努力过程，让我们可以更好地在这个漫长的过程中应对疲累、厌倦、诱惑或退缩等不良情绪。那些成功的人们将大脑中对未来奖励的想象当作具有神奇力量的图像，并通过它们始终清晰地看到自己到底想要的是什么：获得一个科研奖励，赢得一场竞技比赛。这种想象式的自我奖励有很好的效果，并且在任何时间、地点都能免费地发挥作用，你同样也可以做到。为你的那些目标（比如在一年内拿到硕士学位、精通掌握英语、减少 10 千克体重或花更多的时间陪伴孩子等）设定一下奖励吧！本章接下来的“来自内部的力量”一节中会为你提供更多的建议，这些建议能帮助你利用潜意识的力量更加轻松地实现目标。

助手 6：10 分钟小窍门

当你遇到诱惑时，可以使用这个很棒的“10 分钟小窍门”：在满足迫切的需要之前，先让自己等待 10 分钟。打个比方，你突然特别想吃巧克力，在那一刻，你觉得自己特别饥饿，而且对巧克力的渴望非常迫切，以至于想马上到冰箱里取出巧克力布丁大吃几口。这时，请告诉自己：“快停下，等待 10 分钟，如果 10 分钟后自己依旧对巧克力的渴望这么迫切，那就去吃巧克力。”在这 10 分钟的缓冲时间里，你要提醒自己不要忘记重要的长期目标：“我要到夏天减肥 10 千克，这样的话就能美美地穿上比基尼到沙滩上秀身材了！”10 分钟过后，你会发现，自己对巧克力的渴望变得没有那么迫切了。

神经科学家们已经发现，即使在短短 10 分钟的等待时间里，我们大脑中奖励中心的反应也足以改变，从而影响我们的选择。当及时行乐的机会就在眼前时，只要延迟 10 分钟，大脑便可以将其推迟为未来的奖励。通过这种方式，奖励承诺的影响力就会被削弱，即时满足的生物上的冲动也能有效地被遏制。

意志力训练笔记：现在你了解了 10 分钟现象了吗

你现在理解了这个“10 分钟小窍门”的作用原理了吗？当你特别想吃巧克力并且已经动身去厨房拿时，这时电话铃响了，你折回来接起电话和女朋友愉快地聊了 10 分钟，你们甚至聊到了夏天、沙滩和比基尼，那么在你挂掉电话后，你对巧克力的渴望很有可能完全消失了。

当我们利用“10 分钟小窍门”来抵抗诱惑时，制造一个与诱惑物之间的“距离”非常有帮助，这个距离无论是空间意义上的还是视线上的都可以。还记得第 1 章里提到的棉花糖测试吗，如果小孩一直用眼睛盯着棉花糖看，那么便很难抗拒它的诱惑。所以，为自己打造一个能够更加轻松对抗诱惑的环境吧。

“10 分钟小窍门”不只可以拿来抵抗诱惑，还可以用来帮助我们克服面对艰辛任务时的退缩及畏难情绪。在学习英语时，为自己制定这样一个规则：“我可以再坚持 10 分钟，如果 10 分钟后我还是不想做，那么我就放弃。”这时，你同样可以在 10 分钟内唤起自己的长期目标：“我希望自己能在新的英格兰老板来之前说一口流利的英语，这样他就能对我刮目相看，工作上也就有所突破了。”你又重新充满了斗志。要知道，这 10 分钟一旦开始，你的行为便会与自己的长期目标统一起来，你往往进行 10 分钟后就不想停下来了。这就像你已经将运动包整理好放在车上，那么付诸行动就会更容易。所以说，一个好的开始就是成功的一半（参见本章“制订一个好计划”一节的内容）。

现在，你已经战胜了自我，开始学习英语课程了，接下来，你顺理成章地继续学习第 2 课、第 3 课、第 4 课……这样一直学下去，学习会形成一种定期行为。你的意愿所在之处总能找到一条让你走下去的道路，但是，诱惑所在之处也总能让你止步不前。下一次，当你不想学习时，不要合上英语书去看电视，而要试试再坚持学习 10 分钟。那些总是徘徊在意志力边缘的人总要一次次不停地战胜新的自我，直到找到一种让自己彻底放松的行为。当你正在经历一个漫长的困难时期，奖励的无限期延迟让你疲惫不堪、毫无动力时，那么仅仅依靠“一个好计划”“对专注力的控制”及“自我奖励策略”这三者已经远远不够了，这时，你需要一种新的战术：内化为自发性习惯。也就是说，你要不断重复一种新的行为，直到它成为一种习惯，让你能够不费力气地自动运行下去。

内化为自动化的行为

千里之行，始于足下。

老子

有哪些事情做起来是轻松的呢？一类是那些让你觉得有趣的事；另一类则是那些不费脑子、无需纠结、在习惯的推动下就可以重复做的事。人们有 90% 的日常行为都是日复一日、在无意识的重复中进行的，这些行为不需要人们考虑要不要做、要如何做，其整个过程就像飞机上的自动驾驶仪一样，都是大脑自动指挥着身体在做。这方面的一个典型例子是关于阅读的。

> 读一下那就简短的这段文字吧，你理解意思它的了吗？

其实，你在眨眼的时间里便已经理解了上面那个顺序混乱的句子，这是因为，通过多年的阅读，你对文字或词语的理解已经变成一种高度自动化的行为。这同样适用于我们所有的日常行为，如刷牙、换衣服、爬楼梯、开车、打字、淋浴等。因为，你必须重复执行这些日常行为，你几乎都不需要特意关注，时间久了，它们都会变得自动化。即使这些行为对你来说毫无乐趣，但它们不会让你费力、不会花费你太多的意志力、不需要你刻意地自我控制，也不需要你为其投入多少专注力。想要更好、更快地实现自己的目标，你不妨转换一下思路，看看能否把令你紧张费力的行为转化为自动的行为。这就是意志力的第九个秘密。

如果能把某种新的行为转化为自动的行为，那么我们会感到轻松得多。

自动化意味着反复练习

自动化是解放劳动力的关键，它能让人拥有强大的后劲。但问题是，想让一种行为变得自动化可不那么容易，这并不是利用一两次自我控制就能实现的（“我想让做某事变成一种习惯”），而只能通过反复实践和练习才能实现。1949 年，心理学家唐纳德·欧·赫布（Donald O. Hebb）发现，人们的大脑依赖于各种神经元之间的联合作用，重复的刺激可以导致突触传递效能增加（两个细胞连在一起时，它们就会同时兴奋并同时传输）。神经生物学家杰拉尔德·哈瑟（Gerald Hüther）认为，人们大脑中的“神经网络对经验具有依赖性”。当我们不停地重复某种想法和受这种想法支配的行为时，我们的神经细胞便会互联起来。

当我们的某种行为被重复得足够多时，它便会在大脑中形成新的互联。因此，我们通过反复练习，可以使某种行为变得自动化。

大脑就像是一个动态的工地，我们生活在一个充满变化的环境中，各种新事物促使我们的思维不停地发生变化。脑研究者格哈德·罗特（Gerhard Roth）认为，某种新的行为从出现开始，需要 6 到 9 个月的反复练习才能形成一种自动化的行为（见图 3-2）。不过，一种自动化行为一旦被投入使用，你就不需要费力地去战胜自我了，而会习惯性地去执行。这种行为的自动化程度越高，你为之耗费的能量就越低，你损耗的意志力也就越少。例如，刷牙和行走这两种行为都是从幼儿时期就已经高度自动化了，所以我们从来没有想过这两种行为所耗费的精力成本，我们也从不需要为此付出自我控制力。

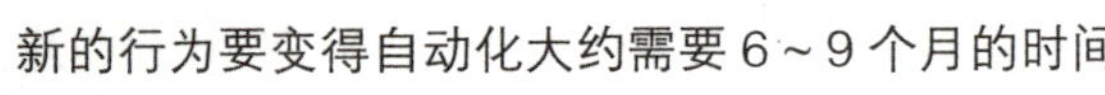

新的行为要变得自动化大约需要 6～9 个月的时间。

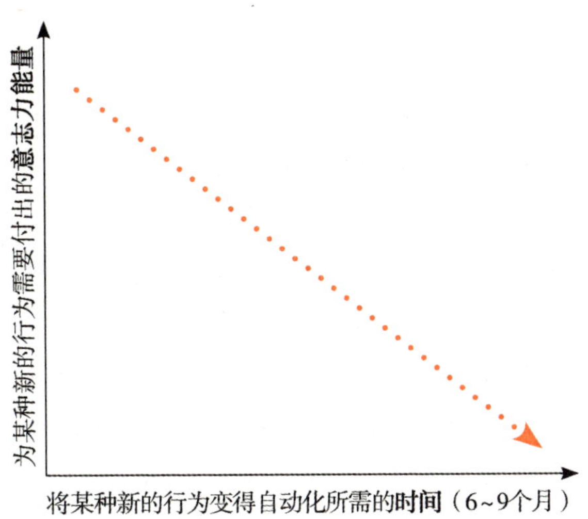

图 3-2　行为的自动化水平与需要投入的意志力能量之间的关系

意志力训练笔记：换只手刷牙

你习惯用哪只手刷牙，用左手还是右手？那么，从今天晚上起，换另一只手刷牙吧！你感受下自己会有多么不习惯，感受下坚持用另外一只手刷牙需要花费自己多少注意力，维持这种突然改变的行为需要投入多少意志力。然后，你再换回习惯用的那只手刷牙，你是不是顿时感觉无比轻松、舒适与简单？新的行为刚刚出现时必然会让你感到费力，但通过长时间的重复和练习，其最终会成为一种习惯性的自动化行为，就像用习惯的那只手刷牙一样。

助手 7：养成习惯

多次重复某种行为是使其形成自动化的关键。想一想，我们有哪些行为是自己花费长时间的重复练习，最终打造成不费力气的习惯性行为的。比如开车，你还记得自己上的第一堂驾校学习课吗？你是不是特别紧张？你神经紧绷、小心翼翼，提醒自己所有应该注意的事情，慢慢尝试着开车。而今天，经过上千米的驾驶练习，你已经能以每小时 150 千米的速度在高速路上奔驰，你可以在拥堵密集的城市车流中灵活穿行，你可以边开车、边通过汽车免提电话装置与朋友聊天或者听广播。另一个例子是阅读，当你刚开始认识单词的时候，你阅读文章会很吃力，你要看一个个词语的字母组合、分析句子的语法结构等；但当你经过几个月的练习，你就可以逐渐流畅地阅读全文了。今天，你的阅读能力是那么好，即使调换几个单词或字符也不会给你造成多大压力。

意志力训练笔记：养成一种习惯

一些好的习惯可以帮助你增强意志力，你不妨从今天开始挑一些好习惯进行练习。这里为你介绍一些练习：你可以每天花 5 分钟时间做个冥想练习（参见本书有关控制注意力的部分内容），或者每天晚上入睡前 3 分钟有意识地微笑。坚持每天练习这些新的小练习，你会发现，几个星期以后，你的内心变得更加平和，意志力也会更加强大。

所有在生活中不费力气的行为其实都是一种习惯，这些习惯都是经历了长年累月的重复和练习形成的。当一种新的行为刚刚出现时，它会让人觉得费力，这一点对于任何人来说都不会例外。

最佳成绩与熟练程度

我们的大脑在执行那些已经自动化的行为时是怎样的状态呢？我们来看看那些著名的运动员、世界顶级的音乐家以及那些公司里的优秀员工的大脑。一项针对这些世界顶级的优秀人物的大脑区域的研究显示，当这些人在做自己擅长的事时，其脑负荷也比较轻。这个发现在外行人看来是相当令人吃惊的。例如，我们通常会认为，巴西职业足球运动员内马尔在完美地控球时必然精神紧绷，注意力高度集中，但事实却正好相反：在控球的时候，内马尔的大脑就像一台自动驾驶仪，依照习惯控制着他的行为。

有没有觉得这一点非常不可思议？但这就是事实。内马尔和其他职业球员们经历过数千小时的训练，对他们来说，完美控球已经是一种固定程序了。你还记得前面第 1 章中国际知名小提琴手大卫·加勒特以及心理学家 K. 安德斯·埃里克森提出的 10 000 小时理论吗？想要取得卓越的成绩，必须多加练习，而那些取得世界瞩目成就的人必然经历了比普通人还要多的刻苦练习过程。内马尔是一名足球运动员，其大脑区域只消耗了很少的神经资源，而较弱的大脑活动就意味着较低的大脑负担，这使他可以同时执行各种复杂的动作。在巴西的赛场上，那些像内马尔一样的球员们施展完美的控球技巧，他们给人的感觉就像在轻松地玩游戏一样。如果没有赛场下严格的、长期的训练管理，就不会出现这些最优秀的足球运动员，也不会出现内马尔这样优秀的足球运动员。

让成功像汽车导航一样自动发生

想要像爬楼梯一样毫不费力地说一口流利的英语口语吗？那么，你需要花费很长的时间开口练习，就像一个刚刚蹒跚学步的孩童不停地练习走路一样。某种行为只有通过反复练习才会变得越来越容易，然后，这种需要耗费神经元能量的行为便会逐步转化为无意识执行的自觉行为。认知科学家们将这种行为称为转变，这是一种从上到下、从下到上的关系。神经的传输是从上到下的，而当我们通过练习把一种一开始特别费力的行为转化得越来越简单、越来越不费力气、不用多花精力的时候，就实现了“从下到上”的过程：由行为带动大脑，这种行为就简单得像自动爬楼梯一样。

无论是驾驶、踢足球或拉小提琴，还是登山或讲英文，我们经过不断的练习都能把那些最苛刻的任务转换成自动化的行为。如果没有足够的练习，我们在做这些事情时就会感到艰难费力，需要我们高度集中注意力，耗费心力脑力。通过不断的实践与练习，我们可以让自己某些方面的能力变得越来越强，我们可以毫不费力地运行这些方面的行为，而不再耗费巨大的精神和努力。这时，我们便可以释放出自己有限的注意力和意志力去关注和处理其他事务。一名职业足球运动员在赛场上经验丰富，并且已经拥有精湛的足球技术，他就可以腾出精力去搞创意游戏。

提到功夫，少林功夫也非常值得一提。会功夫的人通过反复练习不同的功夫技巧（顺便说一句，“功夫”的字面意思就是“花费很多努力和耐心去做”），他们的击打或者抗击打动作几乎都已经形成了条件反射，他们以闪电般的速度出招，且出招时肯定都不假思索。如果一个少林和尚在接招时还要好好考虑如何出招，那他很可能在想出对策之前就已经被对方击倒了。

培养新的习惯

反复练习可以帮助我们养成新的习惯。我们的大脑会逐渐记住这些习惯性的行为，某种行为一旦变得自动化，就能帮助我们节约自身的能量。但是，让我们无法忽视的一个关键问题是：我们有很多已经形成习惯的自动化行为了，但不幸的是，其中还包括许多已经养成的坏习惯。

遗憾的是，我们有很多已经形成自动化的行为都是没有意义的坏习惯。

爱吃巧克力，不爱吃蔬菜；爱窝在沙发上看书、看电视，不爱去健身房……这些都是典型的坏习惯。对于任何（坏的）习惯，我们都有一个对应的神经通道。这些神经通道就像很多小捷径一样，人们看得到它们的存在，它们方便、舒适、经济且在某种程度上挺实用，于是你会一次次踏上这些捷径。如果人们想摆脱对巧克力及沙发的习惯性依赖，就必须找到其他捷径（另辟蹊径），否则的话，你会一次又一次地回到原来的捷径上（坏习惯），因为你的大脑始终倾向于带你走向不费力气、可以节约能量的道路。对我们来说，自动化的行为是那么令人愉快，因此忘掉坏习惯、培养新的行为习惯非常困难。除非出现的新的行为（在未来）有更大的奖励承诺时，我们的行为才有可能发生改变。

如果一种新的行为与习惯的行为相比（在未来）奖励承诺更多，人们就有可能产生新的神经通道。

你的习惯就像那些回家的路。从车站到你家之间既有大马路，又有小路，而小路直接连接了车站和你家，它会让你更加快捷、舒服地走回家。于是，你因循守旧地一直走小路。除非在回家的路上想去买点东西，你才会选择走大马路。小路上没有超市，在你想买点什么的时候，大马路便为你提供了更好的奖励承诺。

要想自动执行新的行为，你必须定期重复练习。你应该选择少数最适合的环境，保证每天练习一次或几次。比如，你每天坚持爬楼梯而不去坐电梯，你知道自己会考虑是否乘电梯。

想吃巧克力的时候，你就去买其他健康的食物，你知道自己不会想起要买巧克力这件事；当看到一个电影开始时，你就关掉电视机，不要让自己在沙发里耗费太多时间。如果你反复多次这样做、持之以恒，你只需坚持 6 至 9 个月就能真正做到了。

想要改变那些根深蒂固的行为非常困难。无论在为期 6 至 9 个月的习惯养成期内，还是在追求目标的过程中，你都有可能遇到某些无法突破的界限或者很难克服的困境。挫折、失败、沮丧等不容忽视的情绪挑战都有可能在这期间出现，这时，你可能会丧失用来战胜自我的力量。千里之行始于足下，每一段旅程都需要一个开始。如果你在开始的时候充满信心、乐观坚强，那么你必然会拥有更加强大的意志力；如果你从一开始就抱有畏难情绪，对目标感到担忧和沮丧，觉得它遥不可及、难度很大，那么你实现目标的道路会被拉得更长。先踏上你的征程，然后评估一下这段通往目标的道路。要知道，每个目标都有一个“定价”，你必须为实现目标有所付出和牺牲。诚实地面对自己的内心，考虑一下自己是否已经做好准备且具有为实现这个目标买单的能力。

生活总是不按规矩出牌

始终将目标摆在面前，将注意力集中到自己精密的计划上去。一路上，你按照（神经营销学）自我奖励艺术的规则犒赏自己，通过重复的练习实践，将新的行为变得自动化，从而能够更加省力、更好地战胜自我。你呼吸着早上的新鲜空气，感觉“这次肯定能做到”。然而，生活总是不按规矩出牌，在你通往目标的道路上总会突然出现这样或那样的意外，那些你从一开始就无法预料到的伤心、愤怒、失望、沮丧等情绪都有可能突然涌来，老板突然破口大骂或者严重警告、奶奶去了养老院、你与伴侣争吵或者孩子生病等。当这些事情发生时，我们会突然感到软弱无助，无法继续坚持自己的目标、无法完成重要的任务或者把那些意外作为无法实现自己目标的借口而干脆放弃。建设性地处理消极情绪、在困难和失败的情况下依然能够保持乐观积极的心态，这能为你提供坚守目标的力量，你还可以通过学习来获得这种技能。

调节情绪

对于我们的意志力和我们的目标来说，最大的危险不在于我们懒惰或者缺乏自我控制力。在前面的章节中，我们已经学到很多应对“节约能量”和“享乐最大化”两种生物本能的小窍门，但是这些小窍门只有在我们情绪稳定良好的情况下才会发挥作用。我们是否专注于自己的目标、是否拥有良好的人际关系、是否保持稳定的情绪状态，这些都会导致我们的神经网络发挥不同的活性，如果答案是否定的，就会抑制神经网络的活性。因此，对于一种成功的人生来说，其最大的威胁都来自于我们的感受和思想，它们可以把我们拖入情感的危险地带。如果我们悲伤、愤怒、焦虑、抑郁、内疚、失望或沮丧，而且这样的负面情绪强烈到无法控制时，我们的意志力传输就会暂停。这是意志力的第十个秘密。

调节情绪的三步骤

只有那些能够控制好自己情绪的人，才能持续拥有坚强的意志力。

消极的情绪会削弱我们的意志力，因为无论这些负面情绪来自哪里，我们的身体都会释放大量去甲肾上腺素和皮质醇，这类神经激素会给我们的前额叶皮层带来负面作用，从而抑制我们的意志力。为了更好地控制我们的情绪，我们要学会调节情绪，并学会以下三个调节情绪的步骤。

自我认知

第一步，我们要搞清楚自己的负面情绪由何而来，并深入内心进行自我反省。

意志力训练笔记：追寻某种感情产生的根源

你的负面情绪源自哪里？你感到沮丧，也许是因为无法将自己的计划尽快向前推进？你感到焦虑紧张，也许是因为你在工作、家庭或其他方面的人际关系出了问题？你感到愤怒，也许是因为老板在快到周末时又突然给你加任务，以至于你美好的休闲时光泡汤了？你消极打不起精神，也许是因为你的健康或财务状况不尽如人意？你一旦发现有负面情绪让自己分心、无法集中精力去实现目标时，不妨拿一张纸将其记录下来，找找这些负面情绪来自哪里。

接受现实

第二步，接受那些导致你出现负面情绪的现实根源。“好了，原来如此，所以我很沮丧、很生气、很害怕。”控制自己情绪的目的并不是要摆脱恐惧、自我怀疑、悲伤等负面情绪，而是要在情感上开发出可以处理这些现实困难的信心。

调节情绪的关键在于树立应对负面情绪的信心。

运用意志力去压制不良情绪（我现在要努力让自己不那么气馁）是毫无帮助的，因为当那些让我们感到消极的困难并没有根本解决时，控制情绪会非常困难。虽然它们影响了你的思想和行动，但你无法强制自己不沮丧。当你错失了一个类似里程碑的关键机遇时，你无法感到快乐；当你与深爱的人之间出现了问题，你无法感到开心；当你遇到经济困难时，你无法感到轻松。

改变策略

第三步对我们来说至关重要。通常，我们会采用不直接面对的办法来抵抗消极情绪。比如，我们通过做其他事情来转移注意力，我们可能会看电视、上网、猛吃巧克力、购物、旅行或喝得酩酊大醉。虽然这些都是人们习惯采用的方法，但却都没有效果。逃避过后，烦恼还在眼前，我们的负面情绪并未缓解。仔细思考如何着手处理那些让我们不开心、不快乐的具体问题非常重要，我们要积极寻找摆脱现实困境的方法。因此，采取积极的策略应对消极情绪比暂时逃避有意义得多。

助手 8：处理你的感情

无论输赢，你都可以暂时关闭情绪的闸门。再想想那位巴西顶级足球运动员内马尔，他在世界杯对战智利的第二轮 1/8 决赛中，面对整场国家球迷的压力成功罚进了点球，你也可以使用同样的策略。结合前文中的蔡加尼克效应，你可以暂时屏蔽那些让自己感到有压力的感受。当一些未完成的事情跳出来影响你的专注力时，你可以暂时找出一张纸记录自己具体需要为这些事情做些什么，等你完成手上最重要的任务后再回头处理它们，你才能在规定的时间里先完成自己当下专注追求的最重要的目标。那些意志力非常强的人都能在两个神经网络之间快速切换，他们就像使用遥控器更换电视频道一样，将自己的注意力从情感快速切换到自己追求的目标上。这样一来，你就能成功做到有意识地掌控自己的注意力。你应该知道，太大的压力会让人无法专注，从而无法成功罚进点球。你还应该明白，如果你不能从消极情绪中转移注意力，便会停留在精神上的死循环里，无法专注地去做那些重要的事情：无法完成重大的谈判；无法通过重要的考试；无法做出长远的决定；无法在世界杯加时赛中点球成功。

接下来，你应该为自己选择一些有益的策略来放松心情。看电视、饮酒、狂吃零食或疯狂购物等都对你没有任何帮助，选择那些能让你觉得平静的方法吧，比如，养成每天呼吸冥想或多多微笑的好习惯；到大自然中去散散步，寻找一下新的灵感；花时间与朋友聊聊天。将你的注意力从那些消极的想法上转移是改善心情的重要前提。

但是，从长期来看，如果能从负面情绪的源头着手，真正解决那些让你陷入情绪困境的事情将是非常有意义的。因此，努力去做点什么来改善自己不良的处境吧！如果某些人的言行给你造成压力或不快，你可以尝试与他好好交流沟通一下；如果你担心自己的财务状况，你可以想想用什么方法可以更好地开源节流；如果你因实现目标的机会渺茫而感到沮丧，那你不妨回头审视下自己为实现这个目标而制订的计划，看看是否为自己设定了不切实际的阶段性目标。尤其不要忘记，你是否为了那些几乎不可能被消灭或屏蔽的外界分心因素过度使用了自己的专注力或意志力？你再审查下自我奖励的设置是否合理，看看能否改善一下？

个人良好的身体状态对于有效调节情绪发挥着重要作用。让自己感觉变好最快速的方法就是满足那些生理需要，如食物、饮料、睡眠、性、温暖上的满足以及身体健康、精力充沛等。如果你得了重感冒、被铺天盖地的疲劳感侵袭或者处于过度饥饿和口渴状态，那么你身体内的系统就会出现问题，意志力也会被大大削弱。人如果感到无力或者疲惫，就没有信心去做任何事，也不会有将自己的意图转化为行动的动力。如果晚上饮酒过量同时又睡眠不足，那么你第二天一早必然要与起床做斗争，也无法集中注意力做事情。如果缺乏运动，你就经常要与僵硬的肌肉及背部疼痛做斗争。在这些时候，你不是在与自己的身体和感觉做斗争，而是在与自己的目标做斗争。

想充分利用意志力去实现个人目标的话，你就必须关注自己的身体状态。身体是革命的本钱。

拥有良好的身体状态会让你变得更自信。自信，就是对自我的信仰，它能让你充满力量，不惧拼搏道路上的艰难险阻，不用理会那些诱惑，不会害怕各种挑战。心理学家称这种现象为“自我效能”，也就是相信自己解决问题的能力。

助手 9：自我效能

自我效能感较强的人相信即使在面对困难、障碍和诱惑的时候，自己依然能成功地达成目标；反之，自我效能感弱的人无法确定能否贯彻自己的意愿和计划，他们会觉得成功实现目标非常困难，因为他们总是一次又一次地怀疑自己和自己所做的事情。自我怀疑同样会产生负面情绪，抑制前额叶皮层的效能。为了提高你的自我效能感，我们可以学习一下心理学家阿尔伯特•班杜拉（Albert Bandura）的研究成果，他认为，自我效能感有以下四个来源。

在困难情况下的掌控力

如果你曾经成功地处理了某个困难的局面，那么你就会更加相信自己在这方面的能力，在未来再一次遇到同样的困局时，你就会有更好的掌控力。你要有意识地关注自己擅长的那些事情，在你想到时就将其记录下来。

观察自己的榜样

如果你周围的人和你一样面对过困境，并且他们有摆脱这个困境的成功经验，那么他们的经历同样也可以激励你，这就是榜样的力量。你会觉得别人能做到，你也能做到。有意识地发现自己身边的那些好榜样吧。

社会支持

如果你成为了其他人的榜样，他们就会相信你面对某种困难情况时的掌控力，你会变得更加自信，在遇到同样的事情时就能发挥得更加出色。你会发现，这种“外界的信任”对你来说有着非同凡响的力量。有意识地关注下周围那些相信你或者相信你具有某方面能力的人吧。

身体上的反应

你的身体反应能够反映出你对某种特定情况的感受，也能反映出你对自我效能的评估。说起运动，如果你首先想到的是身体上的紧张和气喘吁吁，那么这往往会导致你对运动产生抵触情绪，不满的情绪很快会导致自我怀疑和不自信。关注自己的身体状态及呼吸状态，寻找一个最舒服的姿势，缓缓地深呼吸。

意志力训练笔记：一周反省

你用一周时间好好观察并思考一下那些对你来说很重要的个人目标，尤其要关注这四件事：哪种行为方式是你掌控自如的？你的周围有哪些人能够较好地掌握你想掌握的行为方式？哪些人相信你一定会实现你的目标？当你将目标付诸实践时，你的身体会有怎样的反应？用笔记录下对这些问题的思考结果。

身体感受的好与坏可以为你提供非常有意义的反馈。我们已经从本书第2章的内容中了解到，心脏心率变异性是意志力的身体指标，这给我们带来了“内部的力量”。学会利用自己的潜意识，可以帮助你开启内心的力量。

来自内部的力量

> 内心中每一幅强烈的画面都会成为现实。
>
> 安东尼·德·圣埃克苏佩里

意志非常坚强的人与其他人有什么实质的不同呢？为什么那些运动员、艺术家、科学家、企业家、企业高管和政界人士都有很强大的自我控制力，他们做事情更能坚持不懈呢？最近几年，神经生物学家们针对这些问题的研究取得了重大成果。其实，人们在运用坚强的意志时有一个很简单的原则：“从大脑思维中跳出来，跟着感觉走。”大量的心理学研究表明，我们的感觉里蕴含着令人难以置信的巨大潜力。那些习惯于深思熟虑的人总担心跟着感觉走容易出错，但事实却并不是这样。

感觉的一个好处就是，它会使我们的反应比有意识的思考来得更快、更有效。或许，无论我们手头正在做的事情进展是好是坏，我们在一毫秒的时间里就有了感觉。

感觉总是比我们的理性思考更快，它能使我们在几毫秒内就对状况做出评估。

能够让自身感觉更好的机制

从神经生物学的角度上来说，自我感觉的运行机制就像会计核算那样，我们所做的一切以及经历的一切都能被标记成“令人愉快的”或者“令人不愉快的”两种。我们的大脑会将“令人愉快的”感受作为“借方”来登记存储，将“令人不愉快的”感受作为“贷方”来登记存储，就像会计记账中的做法那样。它将所有结论都与事件和行为结合起来，并将它们存储到我们的经验库中。我们以“借”“贷”平衡作为调整自己未来行为的标准。这种“自我感觉核算”的运行贯穿了我们的一生，我们由此收集了大量经验，之后便可以在不同的情况下快速在“经验库”中搜索到匹配的经验，从而采取适当的行动。在我们的大脑中，“感觉会计师”通过存储的各种“感觉标记”处理着不同的任务，并决定着在什么情况下要采取什么样的行动（术语“感觉标记”由大脑研究员安东尼奥・达梅西奥于 1994 年提出）。每当我们遇到经历过的熟悉状况时，就会从“经验存储库”中调出相应的感觉，并在这种感觉的引导下决定怎么做；或者唤醒我们对某种感觉的记忆，良好的感觉记忆会激励我们，不好的感觉记忆会给我们带来不好的情绪，阻滞我们的意志力。我们的意识通过正面感觉与前额叶皮层建立联接，之后会决定我们采取什么行动并付诸实施。这也是为什么说目标与愿望一致非常重要，在这种时候，你才真正会有为这个目标而努力的激情。

当我们想有意识地将某意图付诸实施时，积极的经验感受是一个非常好的“触发器”。

而直觉产生的整个过程则发生在不知不觉间，其速度非常快，你甚至不会留意到是直觉在控制你的思想和行为。1979 年时，生理学家本杰明·利伯特（Benjamin Libet）已经通过多次实验发现：意识到自己意图行为的时间点晚于前额叶皮层决定采取某种行动的时间点。也就是说，当我们对某件事有确定的概念之前，我们先会有一种直觉。我们可以学着更好地感知自己的直觉，留意一下自己的身体对行为和意图的反应，这是一种最有效的聪明地使用意志力的方法。身体的意识是我们生活中的一位重要的引导师，它会帮助我们做出更好的选择。

助手 10：肢体语言

当你想到自己的目标时，留意自己的身体姿势及呼吸状态是怎样的。通常，当人们想到那些自己想要执行但执行起来会比较辛苦且没有太多乐趣的行为时，精神会感到紧张，呼吸会变浅、变急促，尤其在面对难度较大的事情、需要克服较大的障碍时，身体会发出明确的拒绝信号（“太难了！

丢下不管了！”）。而一些让你紧张的身体感到舒服和放松的行为会让你的呼吸变得更深、更平静，那些行为往往让你觉得轻松有趣。想一想，你在什么样的情况下会有这样的身体反应呢？轻松舒适的身体姿势和深呼吸能帮助你更好地战胜自我，克服困难。在这种时候，身体的信号表示赞同（“是的，去做吧，这很容易！”）。

人们身体的语言反应都是对经验和行为的影射。现在，这种互动已经被许多科学实验所证实。人们焦虑紧张的姿势意味着在解决困难时的信心不足，他们会迅速把火枪扔在地上①。与其相反，直立舒展的姿势往往反映出了一种自信、有能力的态度，是通向良好意志力的大门。

我们可以在专业运动员们身上明显地观察到这种现象。无论是足球运动员、环法自行车赛运动员，还是拳击运动员、登山运动员，当他们赢得一场竞技比赛或者成功征服一座大山时，都会振臂欢呼，于是大脑就会自动将这些姿势与胜利联系起来。当看到运动员取得了好成绩后总是使用这个姿势时，大脑便将这种姿势作为胜利的信号存储起来。你可以使用身体语言的机制，有意识地保持直立、放松的姿势。当你准备开始挑战有难度的事情时，请深呼吸，提前在心里为自己设定胜利姿势。由于这个姿势会作为一种特定的信号存储在你的大脑里，

---

① 把火枪扔在地上：德国谚语，指士兵在逃跑时灰心丧气，迅速将手里的火枪扔到地上，可以理解为气馁的意思。——译者注

它会给你一个积极的心理暗示：相信自己，一定能成功。

当你面对挑战深感压力的时候，还有一个非常有效的放松姿势：深呼吸。有可能的话，你还可以微笑。你会发现，解决这个有压力的任务就变得不那么难了。然后，你可以多花一些时间练习这个姿势，最好一天练习几次，让大脑将其标记成一个象征放松的姿势。当你想要战胜自己的时候，不妨用下这个方法吧。

意志力训练笔记：测试一下这些姿势的效果

阅读完上面两种小方法后，记得在下一次面对挑战时测试下它们的效果，看看你的身体姿势和呼吸如何影响你战胜自我的内心力量。深呼吸、直立、放松，感受一下自己的状态会有怎样的改变。

无意识的、没有语言的知识（感觉）和有意识的、有语言的知识（思想），它们是同一枚硬币的正反两面。你既不能把自己理性的思维完全关闭，也不能无视直觉的力量。我的建议是在有意识和无意识的知识之间建立一座桥梁，将其结合运用，充分发挥两者各自的作用，从而在最大程度上增强你的意志力。

助手 11：动用所有的感官

当你想到自己的目标时，眼前会浮现什么样的情景？

在你的意识里，目标是什么颜色和什么形状的？如果你的目标能发出声音，你觉得它听起来会是什么样的？如果你的目标会产生气味，你觉得它闻起来会是什么样的？如果你的目标有味道，你觉得它尝起来会是什么样的？如果你的目标会动，你觉得它会怎样移动？请用所有的感官来形容自己的目标。

你在一天中反复想象好几次，当你达到自己的目标时会有怎样的感受。如果你的目标是在未来 3 个月内学好英语、讲一口流利的口语，那么你对这个目标的感性描述可能是这样的："我看到自己正与来自英国的新老板坐在会议桌前讨论。太阳的光芒透过窗户照进来，我听到微弱的鸟鸣声。我们面前的伯爵红茶散发出缕缕香气，我觉得轻松且愉快。会议进行得十分顺利，我能听懂并理解一切，还能用一口流利的口语一次次表达自己的想法。我能感觉到，新老板非常欣赏我。"

意志力训练笔记：用所有的感官来锁定目标

试着用所有感官描述那个对你个人来说特别重要的目标。试着在杂志照片中找到与自己想象的目标图像最符合的几张照片（比如，你想拥有照片中模特的身材），将照片挂在自己的房间中。这样的话，每当你的目光投向这些照片时都会再一次提醒你不要忘了目标。同样，你可以用其他所有感官全面地锚定你的目标，合适的音乐、香水或动作都可以作为你的目标象征。当你看到、闻到、感受到这个目标象征物时，就能激励自己继续前进。

潜意识的力量

当你将自己的目标与所有感官联系在一起之后，你的大脑的右半球会被激活，然后你的目标就会在无意识中被大脑整个存储下来。那些原本只停留在口头上的目标（如“我想减肥 10 千克”或“我想讲一口流利的英语”）都能被整体存储到大脑中，你并不会刻意地想起这些目标，但却能无意识地自觉执行它们，这种方式可以帮助你在达成目标的过程中不知不觉地节省很多意志力。极限运动员、成功的艺术家或科学家也会使用这种机制，他们会从多个角度去想象如果自己获得一个研究奖、写了一本畅销书或在竞争中取胜后会怎么样，并为自己描述了一个最美好的前景。如果你的目标仅仅是存储在左脑中的口头自我指令，那么即使你经常想起这个还没实现的目标，对你来说还是会逐渐丧失对这个目标的兴趣，你的意志力也会被削弱。因为，如果人们只用非常抽象的语言（指不能被感官具体感知，不能看到、听到或闻到等）存储目标，那么他们就会为达成意图或实现目标耗费太多能量。而且，人们只是一味提醒自己关注眼前的努力会阻碍其整体视线，导致他们一叶障目，看不到这棵树背后的整个森林。对他们来说，执行新的行为很快就会变成一件苦差事。纯粹用“履行义务”来约束自己、鞭策自己，并以此为目标努力的话，很少有人会真正感到快乐。然而，如果有人能够动用自己所有的感官来描述目标，他们就会觉得为绚丽的目标而努力是一件有趣和快乐的事。

我们可以通过所有感官来描述自己对目标的感受，这会使我们的意志力变得更强，并让意志力更快、更高效地发挥作用。

这种客观描述目标的行为是由我们的右脑半球支配的。在那里，目标会被整个作为潜意识存储起来。一旦目标与感情相关联，即使我们没有刻意地想起这个目标，潜意识也会支配我们采取相关的行动。这种看待目标的方式能够使我们在不知不觉间快速、高效地发挥意志力的作用。

助手 12：符号的力量

这里，有种特别简单和有效的方式可以帮助你建立连接“有意识的知识”和“无意识的知识”之间的桥梁。想一想，你是如何与自己对话的？倾听自己的声音，如果在视觉表达上太复杂的话，那么怎样的比喻（指的是用语言表达图像）最能表达你期待的目标图像？这类语言图像有很多，比如 “健康得像一只运动鞋”“扁得像一只比目鱼”“圆得像一个汽油桶”“小得像只老鼠”“壮如熊”“坚硬如岩石”“一个能变出所有东西的帽子”“一本盖了 7 个印章的书”等。为你的目标设定一个形象的比喻吧。比如，瘦成闪电。通过这种比喻，你的大脑中会自动浮现出所有成功后的情景，你的潜意识就开始发挥作用。

除了比喻外，你还可以给自己找一个真正的符号实物。例如，你希望在谈话的时候不要“丢失红线”[①]，你可以买

① 红线：德语中的比喻，意思是在谈话的时候偏离主题。——译者注

一根真正的红线放在衣服口袋里，或者将其放在面前的桌子上提醒自己。实物的红线是一个很好的提醒，它能帮助你专注于自己的目标，并在不知不觉中激活自己的意志力。

意志力训练笔记：找到你的目标符号

不妨留意一下，你在日常生活中经常使用哪些比喻来描述自己的目标。比如，一到健身房，我就觉得自己轻如鸿毛。然后，为这些比喻找到一个适合的象征符号。这个符号或许是枕头中的一片羽绒，或许是一根鸟类的羽毛，它可以提醒你时刻不忘自己的目标。下周，随身携带你的目标符号吧，看看会发生什么。

精彩回放

我们已经学会了意志力的工作原理，学到了如何保护自己的意志力并避免其枯竭的方法，了解了 12 种不同的意志力帮手。在第 4 章中，我们将会介绍如何为自己打造一个良好的意志力环境，并在意志力消耗更少的情况下获得更大的效益。想一想，大多数冲浪冠军是不是都成长在海边，最佳的登山者们大多出自阿尔卑斯山区，东非盛产最成功的马拉松选手。你周围的环境对你能否充分发挥意志力的作用，并使你最终获得成功有着巨大的影响。接下来，我们还会介绍如何帮助你的孩子拥有更强大的意志力，以及作为领导如何让自己的下属能够聪明地使用意志力来工作。

第 4 章

打造良好的意志力成长空间

Erfolg durch Willenskraft

Wie Sie mehr von dem erreichen, was Sie sich vornehmen

为了成功达成自己的愿望，你还应该精心为自己打造一个良好的“意志力环境”。如果鱼离开了水，它即使有再大的意志力也无法游泳了；同样，如果始终处在不好或不合适的环境中，意志力再强大的人都无法充分施展能力。因此，在生活中，我们要谨慎地选择或者设计适合的环境，让我们的意志力能够尽可能地得到发挥。在本章中，我们将学习另一个重要的意志力影响因素：环境。无论是给孩子创造一个良好的意志力成长空间，还是给你的员工打造一个适合的工作环境，这些也都属于“意志力环境”的范畴。“意志力环境”包括以下因素：

- 你周围的人；
- 你处理自己与他人关系的方式和艺术；
- 你周围的干扰和诱惑；
- 你自己看世界的视角。

我们自身所处的环境

要么与那些阻碍你实现梦想的人隔绝，要么让你自己与你的梦想隔绝。

奥索·克瑙恩

我敢与每个人打赌：只要你让我看到你的住处，我就能告诉你如何聪明地使用你的意志力。那些意志非常坚强的人首先不允许自己周围的环境里有太多让人分心的诱惑物，从而节省了自己的精力，让自己专心致志地为目标而奋斗；他们会关注身边的人，因为这些人会对他们的目标产生影响。虽然我们在做决定时都希望不被外界因素所影响，并希望遵循自己内心的想法及独立的意志，但心理学领域的研究发现，其他人如何想、如何做以及他们对我们的期待、给我们的建议都会深深影响着我们的决定，甚至在很多时候，这种影响是决定性的。其他人对我们的影响会直接影响我们的意志力环境，有些影响会使我们陷入意志力困局中，而其他一些影响会发挥出积极的作用，它们能帮助我们实现自己的目标。

为什么他人对我们的行为影响如此之大

为什么在意志力环境中，他人对我们的行为影响如此之大，这主要有以下两个原因：

- 我们的同情心：我们希望迎合别人的期待；

● 我们社会化的大脑：我们都希望自己属于某个群体，因为群体可以帮助个人在恶劣的环境下生存。

每个人都是构成社会的一个小小的元素，我们通过与其他人建立起各种联系，最终构成了巨大的社会网。我们的大脑中有种被称作镜像神经元的专门的细胞，其唯一的任务就是跟踪别人的意识、想法和做法。这些镜像神经元分布在整个大脑中，这样，我们就可以全方位地了解他人的经验。打个比方，你看到一个正在玩耍的孩子被绊倒在地，你的大脑在行为发生的整个过程中都在自动破译、跟踪所有移动轨迹，大脑中关于身体移动及腿部状态的镜像神经元区域就会开始活跃起来。这样一来，你的大脑接受了这个孩子跌倒的整个经验，镜像神经元追踪了整个过程之后，其记住了孩子跌倒这件事的发生和起因，并在大脑中作为一种“印象”存储起来。接下来，你会估计孩子摔得重不重？他有没有受伤？假设这个孩子擦破了左膝盖，你大脑中关于疼痛的镜像神经元就会变得活跃，你会立刻明白孩子的感受，而且这种痛苦的经历是如此真实，神经元甚至试图在你的脊髓里将左膝盖的疼痛信号传入大脑，就好像你是那个跌倒的人一样。

心理学家认为这是一种同情心，它可以帮助我们理解他人的行为和感受，并做出相应的反应。我们的镜像神经元回应人类同胞的所有动作，回应周围的人所有的情感，甚至回应所有能吸引我们注意力的事情。这就是我们从神经学角度解释自己能够模仿周围的人的原因，当身边的人意志力较弱时，我们也能模仿他们。这是意志力的第十个秘密。

无论我们周围的人意志力是否坚强，他们都会对我们的意志力造成影响。

我们会本能地模仿他人的行为。当看到其他人吃巧克力或喝啤酒时，我们自身抵抗吃这些食物的意志力也会变弱。这种现象在吸烟人群中更常见：一个正处于戒烟中的人，如果周围的人都在抽烟，那么他复吸的可能性几乎是不可避免的。

由于同理心的作用，同事的坏心情或者合作伙伴的忧虑情绪都会“传染”给我们。当我们“感染”了周围人的负面情绪时，就要寻找一些自我安慰，但遗憾的是，大多数时候，我们都用看电视、饮酒、吃巧克力或疯狂购物这些方式来宣泄郁闷的情绪。良好的情绪对我们更好地发挥意志力起到非常关键的作用。因此，我们周围的人是怎样的，这会对意志力环境有着至关重要的影响作用。

你知道自己的伴侣很喜欢吃薯片，当你看到他从柜子里取出一袋薯片，自己的大脑中也会随之产生吃薯片的奖励预知。如果我们的镜像神经元了解到他人的奖励承诺，那么我们同时也会诱发自身对这种奖励的渴望。当你观察身边一个意志薄弱的人时，自己的意志力也会随之变弱，这就是为什么当我们在聚餐时，你会比一个人进食时吃得更多；当我们与其他的抽烟者在一起时，你会忍不住抽得更多；当我们和朋友们一起喝酒时，你会不知不觉喝掉很多酒；当你与闺蜜一起逛街时，你会不知不觉地花掉更多的钱。

意志力训练笔记：你身边的人

想一想在未来的几天里，你的大部分时间要与哪些人一起度过？哪些人与你走得最近？那些是你尊重的人，还是与你建立联系最多的人，或是和你最相似的人？你是否不知不觉就被这些人的行为方式所影响，并逐渐与其趋同或者背道而驰？周围的人对你实现目标造成的影响哪些是有益的，哪些是有害的？

如果你身边都是拥有强大意志力的人，他们懂得调节自己的情绪、抵制诱惑并努力进取（能够忍受满足的延迟），那么这些良好的品质也将影响到你，有关的镜像神经元就可以“感染”这些积极向上的态度。研究表明，即使只是想到一个拥有良好自我调节能力的人，我们的意志力也会增强。为了更好地应对挑战，获得成功，你是否为自己树立了一个意志力楷模？当你奋斗的动力不足，需要额外补充意志力时，你就可以在心中呼唤自己的榜样。

社会的证据

当我们社会化的大脑告诉自己，我们在这个群体中待着会活得时间更长、活得更好时，我们周围的人便会对我们产生巨大的影响。当群体中其他人都在做同一件事时，我们也会“聪明地”进行模仿，这是一种非常有用的生存本能。当你看到整个部落的人都开始奔跑，你也应该一起跑，这可能是因为某种危险即将来临。心理学家将这种现象称为“社会的证据”。数百万年以来，信任群体中他人的判断使人们能够正常地进行各项社会生活。社会中的个体并不需要知道所有的事情，这样才能节省有限的个人力量。

群体中的那些规范

“社会的证据”会对我们的日常行为产生巨大的影响。作为社会人，我们经常会认为别人想要的就是好的、别人想的就是对的，尤其当我们对一件事情并没有明确的个人想法时，我们更愿意相信周围人的意见。所以，我们经常会买别人都买的东西、去看别人都看的电影，并且做事情时通常会采纳身边大多数人代表的观点。我们对从属于某一群体的愿望是如此强烈，以至于即使我们明知某种行为对自己来说并没有什么好处，但依然抵抗不了“社会的证据”对我们的影响。

意志力训练笔记：你所处的群体中存在哪些规范

想想自己属于哪些群体，自己所处的各个小群体中有哪些规范、习惯或者行为准则？想想你的工作圈、家人圈和朋友圈，你会如何形容周围的人对你的行为造成的影响？

社会中的那些规范

在我们当下的社会中，过度消费似乎已成为常态，人们往往可以快速且大量地满足物质需要。我们至少可以从统计数据中看出：德国的人均债务有上千欧元；半数以上的德国人超重；1/5 的德国人饮酒过量；1/4 的德国人患有与压力相关的身心疾病。但在这些数字面前，我们社会化的大脑会说："但我很高兴，我只是像其他人一样。"我们觉得自己是"正常的"，我们与大多数人的状态相同，我们"正常的"从属于花费过多、超重、饮酒过量、压力太大的人群。我们认为，既然大家都这样做，这些就是社会的常态，虽然事实很明显，没有债务、体重正常、适量饮酒、压力不大才是正常的状态。正因为"大家都这样做"，所以就形成了新的社会规范，不论这种规范是否正确，它都改变了我们的看法。

这种"平均"（大多数都这样）的影响力可能大于我们正确做事情的愿望。

"社会的证据"会影响和改变我们的意愿，还会阻滞我们的意志力。当我们看到周围其他人的行为，就会受到影响：看到别人都有的行为，我们会觉得自己不用再戒掉它了；我们为自己树立的目标并不被大众认同；我们也会怀疑是否值得为了一个目标而努力。比如，你周围的人都吸烟，你就很难戒烟，而且你甚至觉得戒烟也没有太大的意义；如果你生活在一个缺乏教育的群体中，那么准备考试对你来说会是一件很困难的事情；你想减肥，但你却生活在体格庞大的人群之中，那么减肥对你来说无疑是一个巨大的意志力挑战。

选择积极的榜样

因此，想要增强意志力，你最好和那些与自己有着共同目标或一致行为模式的人待在一起。你可以加入一些新的群体，比如加入一家健身俱乐部、一个在线的考试社区或学习社区大学课程，甚至看一本杂志也可以作为对你目标的支持。如果你和那些与自己有同样目标和抱负的人待在一起，那么你面对的挑战就有了一个参考标准，为此做出改变也会变得更容易。有意识地控制你的注意力，利用媒体工具给自己寻找或创造一个适合目标实现的环境，你可以从网络、电视、印刷媒体上或手机应用上找到这样的环境。有了适合的环境，发挥意志力的作用将变得更轻松。

关于孩子的意志力教育

孩子就像一个古灵精怪的小怪兽，他们必须先学会在面对诱惑时说“不”。在第 1 章中，我们通过美国斯坦福大学心理学家沃尔特·米歇尔举世闻名的“棉花糖测试”了解到，孩子们如何学着延缓对需求的满足。我们知道，孩子们从 3 岁起就开始逐渐学会集中注意力对抗干扰、抑制冲动，他们大脑的自我调节系统到青年期时会完全发育完整，在此之前，他们的意志力还不成熟。从自我控制的萌芽开始，直到其成长为一棵坚强的意志力大树，帮助孩子们提高意志力最好的方式就是与孩子共同感受。

与孩子共同感受

当孩子的自我控制能力差、无法对抗诱惑，或者从家长的角度来看认为他们又犯错时，许多父母只是一味地批评教育："你怎么这么懒惰！""你能不能不要这么拖拉？""数学考试只得了 4 分（德国学校的考试成绩在 1 到 5 分之间，5 分是不及格，4 分是刚刚及格），你下次必须考得更好！"如果你是家长、监护人或者教师，只是将关注点放在孩子的弱点上，就会挫伤孩子的意志力，因为这种方式的重点在那些否定孩子的问题上。在这种情况下，你只会关注孩子的弱点以及那些可以"修复"孩子弱点的措施。但对于孩子来说，这种态度意味着什么呢？弱点和失败总会诱发孩子的负面情绪，比如内疚、恐惧和悲伤。不只对孩子，成人也是如此，所有的心理或身体负担都会削弱我们的意志力。

在教育孩子这个问题上，我们要学会自我审视，重新与自己进行对话：你内心的批评者在说什么？通常，这种内在的批评体现了我们作为父母的真正心声。当你进行自我批评之后，你的感觉是好是坏？我的建议是宽容地对待自己。正如你知道的那样宽恕自己，而不是用内疚来惩罚自己。但遗憾的是，用负疚感作为激励的手段在传统的德国文化中根深蒂固，对此很少会有批评声。但这种方式是不正确的。许多研究表明，夸张的自我批评总会导致我们缺乏动机和意志力被削弱。

帮助孩子规划梦想和目标

当父母因为孩子不理想的成绩惩罚他们时，孩子对惩罚的恐惧会抑制其意志力，他们会觉得集中精力学习是一件很费力的事，这会进一步导致孩子在今后的成长道路上轻易地向困难和障碍投降。家长可以用一种更好的处理方式：用谈话代替责备。家长应该与孩子好好地交流一下，倾听他们的梦想及目标，还可以帮他们一起考虑：他们想实现这些梦想和目标需要什么前提、需要做些什么以及需要具备哪些方面的能力。

培养孩子积极的态度

一般情况下，积极的态度能让人在学习及练习的过程中感到愉悦，如果孩子心里有积极的目标和梦想，他们的大脑中枢会变得活跃，乐于接受新的可能性。积极的情绪可以拓宽人们注意力的范围。那些总是将注意力放在消极想法上的人容易将自己与外界隔离开，思维会被阻滞，意志力得不到良好的发挥。

当然，孩子不可避免地会出现没有安全感、恐惧、沮丧或悲伤的情绪。你可以帮助孩子建设性地处理这些负面情绪，引导他们观察并接受这些感受，然后告诉他们所有的感受（无论是积极的还是消极的）都是人生的一部分。要想教育好孩子，首先自己要努力地成为孩子的好榜样。

意志力训练笔记：与孩子产生共鸣

想想看，什么事情会让孩子感到害怕、什么事情会让孩子感到伤心、什么事情会让孩子觉得内疚或失败？考虑下自己可以为孩子做些什么，以帮助他们减轻这些害怕、伤心、内疚与失败的感受。

榜样的力量和环境的重要性

阿尔伯特·爱因斯坦曾经说过：“没有哪种教育方式比榜样更有力量，它可以产生一种特殊的‘震慑’作用。”20世纪60年代，心理学家阿尔伯特·班杜拉提出了学习模型理论，我们通过这个理论知道，对于我们的孩子来说，积极的榜样是一个多么重要的角色。成年人可以成为孩子们积极的榜样和努力的标杆，使他们不会屈服于任何诱惑，并且能够忍受满足的延迟。孩子们都在观察并潜移默化地模仿大人的一切：他们观察我们对各种不同事情的处理方法及态度，比如，当我们感到沮丧、悲伤、焦虑或担忧时，我们会如何调节自己的情绪；他们观察我们在进行一项任务时有多专注，以及我们在此期间被电话铃声等影响而思维开小差的频率；他们还会观察我们对哪些诱惑的抵抗力比较差，以及我们对哪些困难的应对能力不足。这里，信任起到最核心的作用，那些想要禁止孩子玩智能手机，但自己的眼睛却根本无法从手机上挪开的人，他们不要指望自己的孩子能够改变沉溺于智能手机的坏习惯。

尤其在这个时代，我们的孩子会比大人更难抵抗无处不在的诱惑。作为父母，我们应该为孩子打造一个意志力友好型的环境。不要忘了，如果诱惑就那样摆在眼前，连我们都很难抗拒它们。如果冰箱里装满软饮料和巧克力布丁、房间里挂着液晶电视时，不只是孩子，很多成年人都很难对甜食和电视说“不”。不要让这些诱惑物出现在孩子眼前，它们会影响孩子的意志力。

意志力训练笔记：检查房间

你可以到房间里检查一下让孩子分心的物品，然后把那些诱惑物处理掉或者藏起来，不要让它们出现在孩子的视线范围内。诱惑物主要是那些在房间里放置的食物（如香烟、糖果、酒、软饮料和快餐等），以及杂志及其他与媒体相关的物品（如电视指南报、平板电视、电话、互联网和平板电脑及游戏机等）。

所有能够减轻孩子身体或心理上负担的方法都可以增强他们的意志力，如果能为自己的孩子创造一个良好的意志力环境，就能将一颗成功的种子播种在孩子的心田里。这颗小种子最终能够成长为参天大树，开花结果。本书中的所有建议和窍门以及其他许多方法都能帮助你助推孩子的意志力发展。

培养管理者和员工的意志力

管理者的意志力训练

作为处于领导岗位的人，他们每天都要面对各种各样的挑战。尤其是高层管理者，他们不仅需要熟悉整个公司庞大而复杂的各种体系，还需要承受很大的压力。技术发展日新月异，市场瞬息万变，各种信息狂轰滥炸，在这样的背景下，高层管理者每天都必须做出很多重要的选择，他们做选择的时间经常以分钟计算，并没有太多思考的时间。这些做决定的过程中必然伴随很多干扰，或总被各种突发情况打断。

作为管理者，你的工作状态可能是这样的：你专注于一个重要的项目，屏蔽所有导致你分心的因素；你懂得控制自己的情绪，当员工有做得不对的地方时，你不会马上气急败坏，而是耐心地进行解释；你思路清晰，在董事会上有力地推动着各项议题；你事务繁忙，下周的待办清单中已经有了 35 个事项；在工作时间里，你会暂时忘记自己与伴侣的不愉快争吵……所有这些行动都是你良好地运用自身意志力的结果。

即使你每次做出的是一些微不足道的选择，它们也会耗费你的意志力。虽然你觉得自己的意志力足够使用一整天，但事实上，它消耗得非常快，这就增加了你决策失误的风险。如果你一直在关注一个重要项目，并且已经为其做出了大量不太重要的小决定时，就不要试图做出重要的决定。一种有效的做法是：让那些日常的小事务变得自动化，这样你就不会在这些繁杂的日常决策上消耗不必要的意志力。

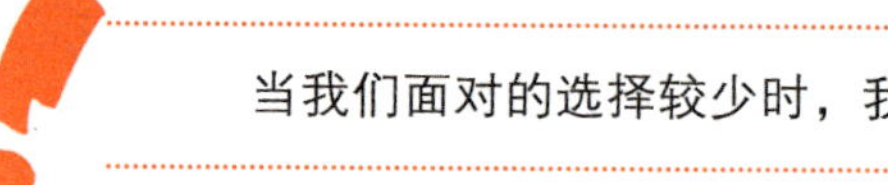

当我们面对的选择较少时，我们才能做出更好的决定。

一种有效的解决方法是：为自己设置固定的时间空档，去解决那些琐碎的事情。比如，设定固定的接听电话时间以及固定的处理电子邮件时间。这种方式让你不必在每次电话响起或电子邮件提示音响起时都要纠结是否立刻做出反应，从而避免了不必要的小选择。你应该在工作中使用“重新提醒”技巧：专心致志地专注于眼下的任务，将其他任务暂时记录下来放在一边，等到手头上的任务完成或者到了专门处理特定事务的时间时，再从“重新提醒”文件夹中找到那些待办事项并进行处理。在手头上的任务没有完成之前，你不要去处理它们，否则，就会打破你专注的工作状态，从而影响重要事务的进展。

另外，你还应该帮助员工学会巧妙运用他们的意志力。许多高管都在我的心理诊所中抱怨过，他们的员工总是缺乏持久的耐力，无法长时间将注意力集中一项任务上。比如，无法将一次谈话进行到底，无法将一个主题思考透彻，没有更多耐心去学习或关注各种更详细的信息。作为一个管理者，你需要承担起训练自己及团队其他人认知的责任，掌控好整个团队的专注力。

训练自我认知及员工认知

意志坚强的领导风格与过量的工作成绩导向领导风格是两个不同的概念。反复地问自己：你的领导风格对员工的工作产生了怎样的效果？苛刻的领导风格就是追求涡轮发动机般的效率，领导者在带动其他人时都使用命令、强制的方式，要求下属无条件服从。盲目使用权力，不停地给员工施压，要求员工无论如何要达到自己的要求，这些往往都是打得一手坏牌的领导，因为他们滥用领导力，缺乏同情心，不关爱下属。如果你现在也是这种“苛刻”的领导，那么你的员工就不能好好地为你卖命，你的团队也不能成为你身后强有力的后盾。

要注意，领导力的效果在于你触发了什么，而不在于你想要触发什么。作为团队领导，一定要懂得倾听员工的声音，懂得团结协作以及互相影响的重要性。这是一种人际交往能力，也是一种在繁杂的日常事务中依然能够稳住团队这艘大船的力量。给予员工情感支持，同情关爱下属，鼓励他们在工作中发挥出最好的成绩，这些都是管理者不可或缺的品质。这样的领导者将与自己的团队一起做出卓越的成绩。注意你的员工的情绪信号，并设身处地了解员工的处境。当员工觉得有压力或者不自由时，他们会释放出压抑的信号。比如，员工说话的声音、音调往往与情绪相关，他们的脸部表情会“说话”，他们的姿势和动作都是潜在能量的映射：紧闭的嘴唇和严肃紧张的面部表情表现出压力很大；低耸的肩膀、低垂的头、沉重的脚步都是负担过重的表现。

如果你发现了这些信号，就能迅速地判断出有哪些员工与你并肩战斗、满怀信心地去执行你的决定，有哪些员工因为害怕你而敢怒不敢言，有哪些员工是愤怒的或表示质疑的，有哪些员工是感到自豪的或者担忧的……这样的线索能让你快速、准确地评估团队成员的感情，并有针对性地给予情感支持。如果你觉得这些非语言的信号解释得还不够精准，请务必阅读与肢体语言相关的书籍或参加专门的课程，这些能使你更确切地了解和掌握与身体信号相关的知识。

意志力训练笔记：注意身体信号

从现在开始，关注员工的身体信号。例如，他们讲话的音调有什么不同？他们的手势和面部表情能透露出怎样的信息？他们的姿势和动作反射出怎样的能量？

如果你已经能够察觉到这些身体信号，那真是件令人兴奋的事情。对于大多数高管来说，他们都会以批判的态度与员工进行对话，但这样的对话有时会起到某些负面的作用。如果你希望增强员工的意志力，请考虑以下因素：将关注的重点放在目标上，而不是员工的错误或弱点上，一旦你只看到他们的不足，就必然会削弱他们的意志力。总是被斥责的员工可能会逐渐产生一种被强压的感受，于是，他们在工作中会蓄意犯错，无事生非，或者会发展出挫折、内疚、自我怀疑和焦虑的感觉。所有负担（无论是精神还是身体上的）都会削弱意志力，这一点不仅对于员工来说如此，也适用于所有的人。因此，请注意你的领导方式。如果你手下的员工感到害怕、焦虑、内疚、自我怀疑或觉得无法承受压力，那么整个团队的工作效率都会降低。

那些只专注于消极感受的人将自我屏蔽起来，他们无法看到其他美好事物。

如果你换种方式与员工进行对话，谈论你希望整个团队在公司范围或部门范围里齐心合力要达成的目标，并与下属们共同思考：为了实现这个目标，有什么重要的前提、需要何种技能以及要采取什么策略等。要相信，在通常情况下，没有员工会故意犯错或者故意不好好工作。与不信任一部分员工相比，这种团结的方式能够让整个团队的工作效果变得更好。

当然，这并不是要求领导者为团队成员打造一个“温室”。公司需要的领导者的第一要务必然是能够创造更好的业务成果，而情感支持、善解人意的管理风格只是一种辅助工具，它的目的不是将员工用棉花包裹起来（一种比喻，指过于小心地照料某人），而是为了提高员工的价值感，让他们觉得自己受尊重、受肯定、被关心、被重视，从而激发他们对团队、对工作的认同感，勇于面对工作上的挑战。

掌控整个团队的注意力

你一定遇到过这样的场景：你与手下的员工一起在会议室开会，所有员工都有自己的笔记本电脑、平板电脑或黑莓手机。在会议讨论中，很多员工都会思想开小差，做些与会议无关的事，如发短信或电子邮件、阅读网络文章等。每个人都对手上那块小小的电子屏幕更感兴趣，很少有人愿意关注会议的 PPT 大屏幕，他们不关心正在讨论的主题，整个集体的专注力因此而变得十分涣散，于是团队的工作效能也被拆解得支离破碎。作为一名领导者，一项重要的工作吸引了整个集体的注意力，并将大家的注意力引导到正确的方向上。要营造良好的意志力环境，使员工们能够充分发挥工作效能，你必须首先集中自己的注意力，然后尽力引导员工的注意力，并想办法使他们的专注力保持下去。

根据心理学上的研究，我们在工作时，脑海里的思维经常会偏离。由于思维偏离而造成的疏忽就是一种巨大的意志力浪费，最终会导致真正的金钱损失。只有在努力专注于任务时才会产生较高的工作效能。想一想自己是如何做到有意识地控制注意力的，然后你就能帮助员工学会有意识地操控自己的注意力。你可以多学习一些领导力的相关知识，找到一种好的领导方式，培养员工更好的专注力。

培养团队的专注力

你可以与自己的团队一起探讨自身的意志力环境，看看你们已经拥有哪些特有的专注力习惯。例如，你们部门是如何应对数据洪流的？部门中是否制定过一份完善的沟通规范，并详细规定什么人在什么情况下应该使用哪种沟通渠道与谁进行沟通？如果没有制定沟通规范，那么你们将面临以下风险：当你的员工面对铺天盖地的各种数据、电子邮件、文本信息、备忘或语音信息时，他们会被分散大量的注意力，从而造成工作效率低下。过多的信息会让人没有时间对其内容进行认真思考，从而削弱员工的注意力和意志力。

意志力训练笔记：分析专注力习惯

邀请你的员工们共同思考并分析本部门或整个公司员工的专注力习惯。作为一个老板，你想要自己的团队拥有哪种专注的工作作风？你能为此做些什么？你们想要消灭哪些导致工作效率低下的繁杂事物，应该如何消灭它们？

谨慎地执行领导力

谨慎地执行领导力，在会议、会谈、工作场合、公司餐厅都要尽量避免出现能够分散员工注意力的现象。正在吃午饭的人应该专心吃饭，而不是边吃边发电子邮件；在工作场合与客户通电话的人应该专心地与客户谈话，而不是同时分心地看其他报告；正在开会或正在进行磋商的人应该专注于会议或谈话的主题，而不是看其他电子屏幕。分散注意力意味着降低工作效率，同时处理多项任务是不可能的，这一点应该作为常识在员工中普及。我们可以在不同的工作任务之间进行切换，但那会导致我们的专注力一次又一次被打断，最终使我们原本正在进行的重要工作任务的思路中断、大受影响。有研究表明，当我们手头上的任务被打断 20 秒后，我们需要持续 10 至 15 分钟才能再次完全将注意力集中在原本的任务上。

因此，作为领导者，你必须具备谨慎严厉的领导风格，在员工工作时不要过多地干涉或打断。考虑一下，是否有必要在会议和会谈中禁止使用手机、笔记本电脑等。相信你已经从无数的经验中深刻明白这一点：诱惑仅仅在一次简单的点击中便产生了。员工的注意力不断地与各种来自内部和外部的干扰做斗争，你在任何时候都不要忘记提醒自己：由于各种干扰因素导致的分心以及注意力不集中，会让你的公司付出多少代价。

外界的干扰和偏离主题的思维间接耗费了公司大量资金。

一家大型包装企业的采购商曾经在我的心理诊所说过："当我发现自己在谈判过程中有思想开小差的迹象时，我会问自己，如果不专心谈判，那么有可能会导致购买价格高出多少百分点？这样一想就吓到了自己，然后我的注意力就能很快地重新集中到谈判的主题上。"一名人事主管描述了自己部门的会议效率：每个主题在讨论时都会被记录下来，会后还要做会议效果分析。自从有了"会议中禁止携带电子产品"的规定之后，会议效率得到了大幅度提高。

辨识意志力盗贼

找出你的员工意志力枯竭的根源，并想办法解决其中的一些问题。帮助自己及员工们好好地运用意志力这个对于成功来说最重要的因素，并为此创建一个规范的框架。这样一来，你将与你的团队一起无往不胜。许多其他方式都可以为你和你的员工创造好的意志力环境。同样，本书的所有建议和窍门都可以为你提供帮助。

我们的社会

现在，我们再次回顾本书前面的内容：你了解了意志力的运行原理，以及如何能够明智地利用你的意志力。现在，你知道了如何保护自己的意志力，使之不至于消耗殆尽；你也知道了意志力与动机不同，它是有限的，需要你投入注意力。意志力有两大对手，就是生物本能中的“节约能量”及“享乐最大化”。延迟满足的能力是握在你手中的成功关键。你要知道，你做出的每一个决定、对抗的每一种诱惑、让你有压力的每一种感受，这些都会削弱你的意志力。相信你在正常生活中的每一个晚上都不希望缺乏（意志的）力量，因为它能帮助你将学英语、去健身房、健康饮食这些事情坚持下去。

你已经看到，神经科学领域中最活跃的研究项目便是关于你在逛街时如何被某种产品成功地吸引了注意力。你也已经知道，那些公司通过精心设置的广告（无论是性感图片，还是含有脂肪、糖和盐的食物以及气味或声音）来诱惑大众，广告无孔不入地刺激着你的感官通道，从而打开你的动机系统。所有这一切都为了刺激你的一种行为：消费，购买。

以你的个人经验，你也知道，当新技术可以快速满足你的需要时，你的动机系统会被打开，冲动控制就会变得异常困难，你几乎不可能对抗手机短信、电子邮件、Facebook、Twitter 等社交媒介的奖励承诺。我敢打赌，几乎没有任何人在智能手机的消息提示音响了之后，还能一点都不好奇地按捺住内心的冲动。因为我们都希望通过现代技术找到归属感，于是我们都有了依赖电子设备的强迫症。如果我们的智能手机、平板电脑和笔记本电脑可以直接与我们的大脑建立联接，直通我们的动机系统，那么我们就会在奖励的键盘上不停敲打。奖励承诺诱使我们寻找再寻找、点击再点击，但真正的奖励却始终没有兑现。

在当今这个“一切皆有可能的社会”中，各种奖励承诺诱发人们的意志力大面积溃败，这种后果相当惊人。我希望，你至少要从现在开始关注自己日常的意志力环境，追溯那些让你的意志力无法变得坚强的原因。当我在自己的心理诊所向人们讲解“意志力盗贼”时，他们总会很气愤：这种盗贼真的“像猪一样”（比喻一种令人恼火的脏乱、糟糕的状态），人们应该采取杜绝意志力盗贼的措施。这种愤怒可以理解，但采取杜绝措施并不是解决方法，因为它很难实施，而且对于大多数人说也没有吸引力。如果你是像我一样的人，那么你就会喜欢多彩的世界，喜欢用最美丽的色彩描述心中美丽的梦想。你喜欢逛街，喜欢看电视上播放的人物传记，喜欢互联网上的 YouTube 视频、WhatsApp 社交应用、公众视频或 Facebook 这样的社交网站。现在，我们已经很难想象，如果我们的世界没有这些诱惑会怎么样。即使没有神经学层面的营销，我们也可能会去自行寻找愿望触发器和能够激发欲望的东西。

在我们生活的世界里，我们拥有的都是最好的。我们无法改变整个世界，但我们可以做到有意识地使用自己的注意力，并且聪明地利用意志力，从而达到我们想要的目标。关键的因素是我们对这个世界的整体认知，以及我们对待这些认知的态度。印度的寂天菩萨写道：

为了避免地上的刺扎进脚底，我们根本没有必要去筹集足够的皮革来覆盖整个世界，我们只需要用一块坚固的皮革保护好自己的脚底皮肤。

我们可以让自己换个思路：如果我们不能改变外部的大环境，那么我们可以着手做那些自己有能力影响的事情。不需要谴责现代技术和广告业，不需要呼吁各种禁令，我们自己也可以学习神经营销学及现代技术，然后为己所用。本书中所讲的技巧和窍门都是可以拿来利用的工具，它们能够让那些通往成功道路上的艰难险阻变得不那么难以克服，目标也会变得更有趣、更富吸引力。而作为“意志力灰衣主教”的注意力，我们也能利用相应的方法来使其聚焦。你应该为自己打造良好的意志力环境。比如：在社交网络中寻找和你有共同目标或者可以为你的目标做些什么的人，在你的生活环境中、网络中或在电视上为自己寻找一个榜样。你也可以开始尝试着写博客，记录下自己通往成功道路上的各种体验。

通过巧妙地利用你的意志力，你一定能更多、更好地实现自己的各种目标。事在人为，你可以更好地掌控自己的人生！

精彩回放

在本书的后半部分，你了解到周围的环境对你的影响，以及你要怎么做才能帮助身边的人学会聪明地使用意志力。相信你已经有这种感受了：我们无法改变大环境，但却可以在自己身边打造出一个小小的、积极的意志力环境。不只为自己，作为父母，你可以为子女打造一个适合的生长环境；作为领导者，你可以为员工创造良好的工作环境。通过做这些事情，你都可以更加省力地达到自己期望的目标，使生活变得更美好。

意志力训练小贴士

行动的快车拥有优先权。

马汉特马·甘地

拥有意志力，就意味着要战胜自我，将意图付诸行动，并不断坚持直到达成目标。意志力都是与生俱来的，每个人都能学会更聪明地利用自己的意志力去更好地实现目标。顺便说一句，通过本书中的许多技巧和练习，你已经开始着手改善自己对意志力的运用了。最后，我们再次概述一下有关意志力最重要的 15 种技巧。请记住，哪怕你只能持续运用其中的一种技巧，你都会拥有更好的生活。我敢打赌！

哪些事情对你来说是最重要的

贴士 1：

你有什么计划？你想要达到什么样的目标？你的目标是否与你的需求相匹配？你能否有意识地影响自己的目标？不要为过多没有意义的小事浪费自己的精力，不要同时做好几件事情，专注于一个目标已经足够了。请记住，意志力是一种有限的资源。

保护你的意志力，让它不要被消耗殆尽

贴士 2：

做任何决定都会削弱你的意志力。请规范那些日常的、经常性的决定。

贴士 3：

每一次抵制诱惑都会削弱你的意志力，请远离那些干扰和诱惑。如果你看不到、听不到、闻不到、尝不到、感受不到那些诱惑和让你分心的干扰因素，它们就不会对你的目标构成威胁。

贴士 4：

任何情绪上或身体上的压力都会削弱你的意志力。请注意保持身体舒适和精神愉悦，只有当两者的状态都良好时，你的意志力才能发挥出最佳的作用。

聪明地使用意志力

贴士 5:

利用潜意识的力量。反复憧憬你的目标，想象你已经到达目的地了，在自己的内心中描绘出胜利后的图像。想象胜利后的感受，当你站在成功的巅峰时，用“心灵的眼睛”去看看是什么样的情景；当你站在“成功的山顶”时，你会用什么样的姿态去表达内心的兴奋，也许你会振臂高呼。那么，在通往成功的道路上，你不要忘了用这种胜利的姿态一遍遍鼓励自己。

贴士 6:

当你开始着手为自己的目标奋斗时，为自己制定一个“事件—时间—方法—计划”型的详细清单，将目标拆分为一个个子目标，将通往成功的道路划分为一个个小的阶段。事先考虑一下，为了实现你的目标，你可能会遇到什么样的障碍，需要采取什么样的应对措施？通过运用这些方法，你的行动会变得更加顺利，你可以拥有源源不断的专注能量和坚持的力量，并且更不容易分心或被打断。

贴士 7：

在接下来的几个星期，你需要观察并反思下为了实现目标而采取的那些行动。每晚临睡前 5 分钟做个简短的总结，看看自己当天为了实现目标又做了什么。这个小方法能够帮助你更好地将注意力集中到目标上，集中到那些为实现目标而采取的行动上。有意识地控制注意力是成功的关键。

贴士 8：

有针对性地奖励自己，让自己感到快乐。将一种令人费力的行为与一种让人愉快的行为结合起来进行，比如，在跑步机上运动的同时看一部电影或听喜欢的音乐。当你实现了阶段性的小目标时，不要忘记奖励自己。

贴士 9：

使用“10 分钟小窍门”来对抗诱惑。在满足迫切的需要之前，让自己先等 10 分钟；在面对艰辛的任务想要退缩或放弃时，让自己再多坚持 10 分钟。当你 10 分钟后还是迫切地想要满足那种需要或者还是很想放弃艰难的任务时，你再去做。

贴士 10：

反复练习某种新的、费力的行为，直到它变成一种习惯性的、自动化的行为。每种新的行为在经常性地重复 6 至 9 个月后都会成为一种习惯，你再做起来就会不费吹灰之力了。自动化的关键在于持续地练习。

贴士 11：

调节自己的情绪。请注意，这并不是说要摆脱消极情绪，而是建立起一种信心，相信自己能够克服困难。

贴士 12：

强化你的自我效能感，相信自己有能力实现目标。将注意力放在自己擅长的事情上，从而增强自信，并从自己周围的环境中为自己寻找一个好的榜样。

贴士 13：

冥想。呼吸冥想是很有效的意志力“功率放大器”。通过被控制的慢呼吸，血液中的应激激素水平下降，你的心脏变异心率会增加，前额叶皮层的意志力中心被激活。你每天练习 5 分钟就足够了。

为自己打造一个良好的意志力环境

贴士 14：

注意你周围的人，看看哪些人能给予你支持、哪些人会妨碍你、哪些人相信你、哪些人怀疑你。为自己寻找一个合适的群体，在那个群体里的人与你拥有相同或近似的目标，并为自己寻找一个已经取得相关成就的合适的榜样。

贴士 15：

筛选下自己关注的媒体。广播、电视、互联网或其他媒体上的哪些内容与你的目标有关、哪些内容能鼓舞你、哪些内容会对你构成阻碍，重新设计你的媒体消费结构，去除有害的，保留有利的。

如果你问我，对于一个意志力强大的人来说最重要的能力是什么，或者你问我，这本书中有那么多建议，最精髓的是什么，我会不假思索地回答：专注！有意识地控制你的注意力，将它集中到目标上。

为了实现这一点，你需要与许多干扰和诱惑做斗争，尤其在这个到处充满了各种信息及诱惑的时代，这种斗争会变得更加艰难。你还要注意在生活中调节自己上下起伏的情绪。分子生物学家、正念减压疗法（MBSR）创始人乔恩·卡巴特·津恩（Jon Kabat-Zinn）博士说："专注，就意味着保持清醒，我们时刻要清楚自己应该做什么。"

我希望你能拥有这份专注力，并培养起自己强大的意志力，使其能够发挥最大的作用，帮助你实现所有的计划。

译者后记

这是一本让人耳目一新、受益匪浅的书。在翻译的过程中，我也跟随着书的内容不断地进行思考：人要如何取得成功呢？我们能做的可不仅仅是努力这么简单，关键是如何有效地去坚持这份努力。让人坚持下去的能量，也就是我们书中所称的意志力，指的是俗语“有志者，事竟成”中的“志”。汉斯－乔治·威尔曼在本书中向我们反复强调了一个观点：人的意志力是有限的资源，它会被消耗殆尽，“头悬梁，锥刺股”可不一定是好方法，但我们可以运用非常多的小窍门来巧妙且有效地增强自己的意志力。比如：设置一个“好计划”可以让整个任务过程变得清晰且可衡量，将漫长艰苦的过程分解成一个个简单的小目标，这样一来不仅更容易坚持，还能让你更有效地约束自己；“自我奖励”可以帮助你度过成功道路上枯燥漫长的困难时期；“调节情绪的能力”可以提高人的逆商能力，从而战胜困难时期的挫折，把自己尽快拉回到正确的轨道上来；运用“来自内部的力量”可以帮助你突破自我、战胜自我；长期反复的练习可以“让费力的行为变得自动化”，从而事半功倍，降低意志力能耗等。

我也一步步学习了书中的12个小窍门，再反过来将它们应用到翻译这件事上：列出计划进度表，设置合理的奖励并注意劳逸结合，坚持锻炼，优化自己的身心状态等。然后，我感觉到了很明显的变化：坚持翻译这件事情变得越来越令人愉快，整个过程充满一个又一个阶段性的成就感。我要感谢这本书带给我的改变，我不仅在语言表达和翻译能力上得到提升，更重要的是还能以更加乐观积极向上的态度面对工作任务及日常生活。感谢中国人民大学出版社优秀的工作团队，感谢编辑的辛勤校对以及对我的指导和鼓励。感谢在德国工作多年的丈夫陈南先生，在我的整个翻译过程中提供了很多建设性的意见和指导；感谢婆婆刘淑娟女士对家庭无微不至的照料，让我可以无后顾之忧全身心地投入翻译；感谢亲爱的父亲马全力先生、母亲高爱祥女士，我的每一个小小的成就都让他们欣喜若狂，父母对这本书的期待和关注是我早日翻译完成这本书最大的动力！最后，还要感谢原书的作者汉斯－乔治·威尔曼先生，他从心理学家的专业角度为我们提供了如此实用的成功秘籍，谢谢！

马 博

Published in its Original Edition with the title

Erfolg durch Willenskraft: Wie Sie mehr von dem erreichen, was Sie sich vornehmen

Author: Hans-Georg Willmann

By GABAL Verlag GmbH

This edition arranged by Beijing ZonesBridge Culture and Media Co., Ltd.

北京阅想时代文化发展有限责任公司为中国人民大学出版社有限公司下属的商业新知事业部，致力于经管类优秀出版物（外版书为主）的策划及出版，主要涉及经济管理、金融、投资理财、心理学、成功励志、生活等出版领域，下设“阅想·商业”“阅想·财富”“阅想·新知”“阅想·心理”“阅想·生活”以及“阅想·人文”等多条产品线，致力于为国内商业人士提供涵盖先进、前沿的管理理念和思想的专业类图书和趋势类图书，同时也为满足商业人士的内心诉求，打造一系列提倡心理和生活健康的心理学图书和生活管理类图书。

阅想·心理

《极简心理学史》

- 最受追捧的安万特科学图书奖入围者、剑桥学霸倾情奉献。
- 一本有料、有故事、有历史厚重感的全彩心理学史图解书。
- 将心理学的发展历程化作一个个发人深省的故事娓娓道来。

《极简心理学》

- 最受追捧的安万特科学图书奖入围者、剑桥学霸倾情奉献。
- 一本有图、有料、有故事的心理学知识普及书。
- 让你捧腹之余，对心理学的真谛了然于心。